给孩子足够的心理营养
让孩子生命得以最充分的生长与绽放

心理营养

林文采博士的亲子教育课

【马来西亚】林文采 伍娜 著

上海社会科学院出版社

推荐序一

只有她能让我相信：
养孩子不是什么困难的事

钟 煜

原《父母世界》《我和宝贝》杂志主编

七岁女孩的妈妈

第一次听林文采老师的课，女儿刚出生两个月。在燥热的七月，我背着吸奶器，穿越小半个北京，啃哧啃哧地上完了第一个阶段的萨提亚课程。事实证明，那是我为刚成为妈妈的自己，为刚到这个世界的女儿做的最好的一件事。

在育儿杂志做了十三年主编，有超过一半的时间有幸邀林老师做专家，得以继续汲取营养，支持我与女儿的成长路。那时候，心心念念地，就是希望林老师能出本书，将她的智慧与经验惠及更多的父母。如今终于读到这本《心理营养》，欢喜莫名。

每个孩子本身都具有强大的生命力，但也需要足够的营养才能长大。给孩子足够的心理营养，是林老师亲子育儿观的核心。然而在为林老师的书写推荐文字的时候，我感慨最多的，还是身为妈妈，我自己从林老师那里获得的营养。

第一种营养："父母总是会以当下之所知所能，做出对孩子最好的选择。"

这句话，除了出差的路上、加班的夜晚会在心头默念，聊以自慰，更多的是从中获得安定的力量。在育儿信息和选择纷乱庞杂的大环境里，在与女儿相关的大事小情上，我会审慎决定，但基本不后悔。这世间的事，本没有什么是READY的，我相信我已经做了我能力所及的最好的事。

与此同时，在不断反省自己成长经历的过程里，也靠着这句话，慢慢与我的父母和解。若你也和我一样因为孩子的关系要重建三代同堂的家庭，相信你会明白，这种和解有多重要。

第二种营养：对孩子来说，"温和而坚持"的妈妈就是合适的。

这是我得到的"怎样做个好妈妈"的最好的建议，恨不得刻在脑中，时时自省。

日常小事难免会对女儿时有责备，勉力做到不讽刺，不指桑骂槐，不带个人情绪，不翻旧账。

成长大事间歇性地会有迷茫，但看到女儿也一天天平静自在地成长，逐渐在对自己、对他人、对周遭环境的心境上展现出"温和而坚持"的状态，也就愈加自信起来。

第三种营养："世上没有一种叫作'非如此不可'的事……不管妈妈最终做出的选择是什么，没有人可以批评她，因为每个人的情况都不相同。"

我都奇怪自己能对这些话记得那么深，甚至可以背出整段："世上没有一种叫作'非如此不可'的事，尤其是时间、金钱，完全是选择问题。当你的内疚足够大，你自然会减少工作量、减少应酬。当内疚并没有让你做出改变时，至少可以说，内疚没有你内心的某些需要重要。不管妈妈最终做出的选择是什么，没有人可以批评她，因为每个人的情况都不相同。"

这么多年纠结在顾工作还是顾孩子，自己带还是老人带，前进一步是歉疚，后退一步是不满足，放手是不甘心，一力承担又难以喘息。撞见这句话，如当头棒喝，从此不再为难，也绝少抱怨。当年在喜爱的工作中全力以赴，如今慢慢退回家庭，重新调整生活的优先级，都是安静清晰的决定，都要感谢当年那一棒。

第四种营养："养孩子大概不是什么困难的事，若你养孩子养到鸡犬不宁，那一定是你的方法有问题。"

呃，还是坦白吧，这一句，其实我本来想写在第一个的，但是担心太不严肃，耽误了主题。现在在电脑上敲下这句话，我眼前还能看到林老师笑笑的样子。她总是笑笑的，轻轻松松的,一副"世间本无难题"的模样。她的声音温和缓慢,却清楚又笃定。

在那些焦头烂额、慌张无措的时刻,大概只有她能令我相信:养孩子不是什么困难的事。因为天大的难题在她那里,总能得到一针见血却又春风拂面的开解。

借这篇文字,向林老师深鞠一躬——谢谢您,将我从"鸡犬不宁"中解救出来,并且一步步将我带上一条安静从容的成长路。

我也相信,从这本书开始,会有更多的父母走上这样一条路。

推荐序二

一本书，一次成长

朱正欧
辣妈帮内容中心副总裁
原《父母世界》杂志执行主编
两个孩子的妈妈

人生的很多事情都需要一个契机。

林文采老师之于我，便是开启再次成长的契机。

那是 2008 年年末。当时，儿子进入了 terrible two，女儿早已是 horrible four……身为育儿杂志编辑的我，突然对"做个好妈妈"这件事感到力不从心。

有个机会，说是去采访美国临床辅导学博士和家庭治疗专家。于是，我带着自己的焦虑跑去见这位专家，也就是林文采老师。

见面之后，我抛出所有困惑。我问林老师："为什么孩子的个性那么难把握，亲子互动显得那么不可控？"林老师说：

"孩子原本就各有各的天性,其中有优点也有缺憾,只是父母通常对孩子的优点视而不见——反正它已经在那儿了,反而对孩子所缺乏的一直批评和指责。"我问林老师:"对职场妈妈而言,陪伴是不是质比量重要?"林老师说:"这是一种逃避内疚的借口!但是,'重质'不代表不停说教,而是平静地跟孩子在一起,给他需要的支持和安慰。"

我问林老师:"为什么我们那么在意孩子在人前的表现?"林老师说:"缺乏自我认可的父母往往要通过孩子的表现来证明自己的水平!"我再问林老师:"有没有什么方法可以判断自己能否成为一个好父母?"林老师说:"如果一个人能做自己的好父母,也就能做孩子的好父母。什么叫'做自己的好父母'?就是有没有办法对自己温和而又坚持——当你遇到挫折时,是不是可以接纳自己和安慰自己,当你想要放弃的时候,能不能坚持对自己说'不行'?"……

现在回想起来,那次采访,解答了我对于如何做父母的根基性疑问。而我此后参加的林老师的工作坊,则奠定了我对待孩子乃至对待自己的心理基调:带着敬畏之心去探求内心的奥秘,带着接纳之意去看待情绪的起起落落,带着温和之情去好好说出每一句话。

在林文采老师这里,我得到的最大启发是:好的亲子关系,先于教育。我想,这也正是千千万万如我般焦虑的中国妈妈最需要得到的指引。

从孩子一出生开始，我们为人父母者的脑子里就会出现两个字：教育。我们希望通过"教育"让孩子知书达理、令行禁止、敏而好学、从善如流。我们希望通过"教育"来塑造我们和孩子之间良好的关系……只是，"教育"二字带来的强大使命感和紧迫感让我们忽略了这样的事实：我们与孩子之间先有关系，后有教育，我们首先是一个生命与另一个生命的亲密组合，其次才是一个生命帮助另一个生命成为更好的自己（且不论究竟是谁帮谁）。

记得林文采老师谈起她和自己4个孩子的关系时说："如果孩子做了什么事情让我生气了，我会直接告诉他们我生气了，我不喜欢。这时孩子们自己就会注意了。因为我们的关系一直很好，孩子们不愿意去破坏这种良好的关系。"其实，孩子们天生就知道，他们需要父母，他们依靠父母，所以只要父母的要求是合理的，孩子们是不会去故意破坏这种关系的。而我们和孩子之间的关系越友好，我们的"教育"也才越有效。

那么，我们做好了与另一个生命好好相处一场的准备吗？我们了解那个我们想要好好相处的生命究竟需要什么吗？我想，这可能是懂得了"亲子关系先于教育"之后，我们遇到的更复杂的一个问题，因为这对我们而言是一门全新的功课——当我们自己还是孩子的时候，我们的父母对此并不了解，也因此很少给到我们——它的名字便叫作：心理营养!

我相信,"心理营养"这个名词的字面意思很容易懂,套用"身体营养"的解释,它应该是让孩子的心理保持健康、获取成长所需要的营养。但我也知道,对于这个名词的含义,我们中的大多数都会是一种面对"熟悉的陌生人"的感觉:无条件接纳、安全感、赞美、认同……这些我们曾经在各处听到的名词,其确切的含义究竟是什么,我们为人父母的到底该做些什么?而这,恰恰就是林文采老师这本书的意义所在。

所谓"见字如面"。

林老师的书稿,反反复复看了几遍。阅读文字的感觉,就如同参加她的工作坊一样,表达简练,但直指痛点。尤其喜欢Q&A的部分,那些对于儿童心理的解读以及对于父母应对方式的指导,在每一个具体场景里面都生动地表述了出来,让我们既获得"道"的启发,也得到"术"的指导。我想,无论对于我这样的老学生,还是拿到此书的各位新妈妈,这都是一本可以帮助我们梳理亲子关系与教育方式的最好指导。也真心希望每一位读到此书的妈妈,都能够如我一般,获得一次崭新成长的契机!

作为学生,再次感谢林文采老师!

目录 Contents

推荐序一：只有她能让我相信：养孩子不是什么困难的事 1

推荐序二：一本书，一次成长 5

自序："心理营养"的由来 1

上篇：基本理念

1. 五大心理营养，"喂"出健康孩子！ 3
   - 第一个心理营养：无条件的接纳 3
   - 第二个心理营养：此时此刻，在你的生命中，我最重要 4
   - 第三个心理营养：安全感 5
   - 第四个心理营养：肯定、赞美、认同 8
   - 第五个心理营养：学习、认知、模范 9
2. 先天气质：认识孩子，因材施教 12
   - 为什么要学习"天生气质"？ 12
   - 如何观察孩子的"天生气质"？ 14

- 怎样根据"天生气质"因材施教？ 15
  - A. 乐天型孩子：最在乎关系，拥有人际交往的优势！ 18
  - B. 忧郁型孩子：感受细腻深刻，天生完美主义者！ 23
  - C. 激进型孩子：勇猛执着，容易取得成就！ 29
  - D. 冷静型孩子：小心谨慎、思维能力强！ 34

3. 生命的五朵金花 40

下篇：问题与解决方法

1. 安全感 47
2. 情绪管理 66
3. 性格难题 91
4. 行为偏差 107
5. 社交与社会化 132
6. 夫妻关系 165
7. 妈妈的自我成长和支持 176
8. 父亲养育 201
9. 隔代养育 209
10. 性教育 224
11. 疑难表现 232
12. 其他生活琐事 257

自序："心理营养"的由来

在心理学界，"心理营养"这个名词是由我在 2008 年正式提出来的，我也提出了有关这个名词的系统理念。很多人很好奇，这个理念是如何发展出来的？我想有必要在这里简单说明一下。

从 1990 年开始，我就在马来西亚大量做个案，从那时到现在，我接触了很多家庭，也接触了很多所谓有"偏差行为"的孩子。很明显的事实是，专注在改变孩子的行为不是根本之道，你处理了孩子的一个偏差行为，往往过了不久，第二个偏差行为又会出现，这令父母和老师特别头疼。当时我就发现，根本之道是要改善孩子和父母的关系，一旦孩子和他的"重要他人"的关系得到改善，这个孩子的行为就会渐渐好起来，孩子会变得更有朝气，更快乐，目标也更明确。因此，我们必须要问：亲子关系为何如此重要？在和谐的亲子关系中，孩子从父母身上得到的到底是什么？

对于我来说，孩子有偏差行为是很奇怪的一件事。作为一个人，生命的原本状态，必然是渴望人见人爱，被人喜欢和接纳，而孩子肯定知道偏差行为只会给他们带来排斥和厌恶，为何还是有那么多孩子乐此不疲呢？合理的逻辑必然是：孩子需要一些东西，这些东西比得到别人的喜爱更重要，这些也必然是人类赖以生存的基本东西，如果它不是食物和水——我们称为生理营养的东西，那么，它是什么呢？

2001年，在做了超过一万个个案后，就是在帮助无数家庭和孩子建立关系后，我开始教导父母亲如何在实际生活中给予孩子我称为"心理营养"的东西。令人感到惊奇和兴奋的是：只要父母亲开始对孩子做心理营养，孩子就真的如同生命得到了滋养，生命的"五朵金花"（我提出的另外一个理念，指的是人类的五大天性）就能绽放。这个结果屡试不爽。其中我们所针对的各种偏差行为，包括了精神疾病、厌食症、不愿上课和自闭症等等。

如同种子一样，生命原本就在其中，但是如果没有阳光、空气和水，藏在其中的生命无法展开！人类也一样，我们的生命有无穷的能力，但是如果没有生理营养，身体就不会健康；没有心理营养，心理的巨大能力也就无法实现，"五朵金花"不能绽放，心理力量也只能奄奄一息。心理学原本就是现象学，1000多个孩子得到心理营养之后的转变，足以证明这个理论的实用性。

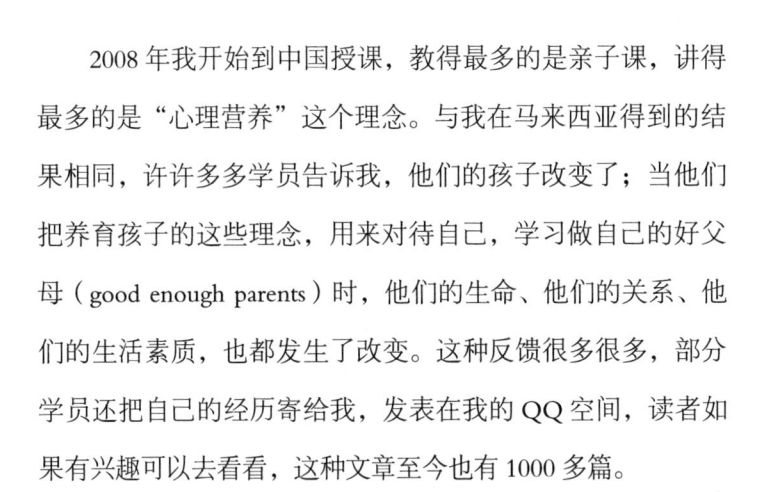

2008年我开始到中国授课，教得最多的是亲子课，讲得最多的是"心理营养"这个理念。与我在马来西亚得到的结果相同，许许多多学员告诉我，他们的孩子改变了；当他们把养育孩子的这些理念，用来对待自己，学习做自己的好父母（good enough parents）时，他们的生命、他们的关系、他们的生活素质，也都发生了改变。这种反馈很多很多，部分学员还把自己的经历寄给我，发表在我的QQ空间，读者如果有兴趣可以去看看，这种文章至今也有1000多篇。

我到中国不久，就开始在育儿杂志上传授育儿方法，就是用"心理营养"的理念来诠释幼儿的行为，并指导父母如何养育。每个月都由伍娜负责访问我，然后写成文字发表。当初并没有出书的想法，但几年下来，没想到这些文字已经有机会可以结集成书。这是我在中国出版的第一本书，心中自然无限欣喜。和伍娜的合作相当愉快，我们也成了很好的朋友，这本书能出版，伍娜功不可没。和青豆书坊苏元沟通时，大家都认为以"心理营养"为书名最为准确，因为心理营养理念的提出，也是我对亲子关系、心理治疗最大的贡献。有关这一理念在心理治疗上的运用，我会另文说明，这本书中主要是针对育儿而言。我可以很负责任地说，运用这个理念来育儿，既轻松，又有效。

我必须感谢其他儿童心理学家在儿童观察和研究领域付出的努力，美国心理学家、人本主义心理学的主要代表人物卡尔·罗杰斯（Carl Rogers）以当事人为中心的治疗法，英国精神分析学家温尼科特（Donald Woods Winnicott）的客体关系理论都给了我许多的启发。从大量书刊中，特别从我自身做个案的体验中可以证实一件事：父母如果能对孩子无条件地接纳、重视，给予足够的安全感，给孩子肯定、赞美和认同，用自身作为模范，教导孩子如何处理生活，孩子自身的生命力就能被激活，他就有能力发展自己的特长，活得快乐和自在，如同他们初始来到这个世界的状态。

我常说的话是：养孩子有什么难？如果养孩子养到鸡犬不宁，十有八九是方法错了，理念错了！那么，现在或许是一个改正的机会。

上篇：基本理念

心理营养，孩子一生的底层代码！

1. 五大心理营养，"喂"出健康孩子！

父母都希望自己的孩子能够健康成长。可是，我们也许不知道，就像需要身体营养一样，孩子在不同的年龄阶段，还需要不同的心理营养。如果幼年时孩子没有得到足够的心理营养，在其后的一生中他都会不断寻觅，并因此引发各种状况，直到找到曾经缺失的心理营养。

第一个心理营养：无条件的接纳

0～3个月，孩子刚出生不久，他需要的第一个营养叫作：无条件的接纳。

刚刚出生的孩子非常脆弱，他不能自己寻找食物，他要等待爸爸妈妈喂他，需要爸爸妈妈帮助他、安慰他、照顾他。其实小宝宝什么都知道，只是他不会说话，有需要时只能用哭来表达。

在需求表达那么不明确，未来的一切也都那么不确定的时候，他最需要爸爸妈妈无条件的接纳。"你不知道以后我会不会孝顺？你也看不出来我好不好看？你更不知道我乖不乖？但你就是尽你所能来满足我、爱我，即使你什么都不知道！"这就是孩子渴求的、无条件的爱与接纳。

第二个心理营养：此时此刻，在你的生命中，我最重要

0～3个月的孩子还需要确定："在你的生命中，我最重要，我是 No.1。即使你很忙，即使你的身体不舒服，但如果你发现我饿了、生病了，你都会马上放下所有的一切，先来满足我。这样，我就会知道，在你生命中，我是最重要的。"

对于母亲而言，做到这些并不难。因为妈妈在生完孩子以后，会分泌一种叫本体胺的物质，促使妈妈心甘情愿地为孩子提供一切。生理上，提供乳汁；心理上，提供无条件的爱。在妈妈的眼里，孩子一定是最完美的，没有任何事情比孩子更重要。

可是如果在宝宝0～3个月大的阶段，由于某种原因，妈妈情绪发生变化，身体没有正常分泌本体胺，那么爸爸就要承担起这个任务：看护孩子，保护妻子。

如果这时，父母经常吵架、打架，两个人的精力都消耗在争吵里，没办法照顾孩子，那么孩子就会在成长过程中，寻找另外一个人替代原本由父母扮演的"重要他人"的角色。

"重要他人"，是一个心理学的概念，它指的是在孩子心

理人格形成及社会化过程中，最具影响力的一个人。这个人的养育态度及行为举止，将对孩子的成长形成决定性影响。这个人由孩子自己挑选，最初、最本能的选择当然是爸爸妈妈，如果爸爸妈妈不行，他可能就会选择祖父母、老师或其他长辈。

从这个人身上，孩子希望得到无条件的接纳，希望成为这个人生命里最重要的人。如果孩子在小时候，没有找到这样一个理想的"重要他人"，那么他一生中都会一直去寻觅，直到找到为止。上小学，他会去找小学的老师。上中学，他会去找女朋友，会很早谈恋爱。

他会非常希望弥补曾经没有从父母那里得到的"我最重要"的感觉，希望有人能把自己看成生命中最重要的人。如果找不到，他就会一直带着这个期待长大，带着这个期待结婚。等到结婚，他也会一天到晚询问："在你的生命中，我到底排第几？"问了又问试了又试："我是不是你生命中最重要的人？如果我很任性、很坏、很糟糕，你还会那样爱我吗？"他会一直不断地去寻找这个答案，从而导致他在人际交往中碰到很多问题。他也不太能够全力做一些有意义的事情，因为他会遇到那么多的困扰。

第三个心理营养：安全感

从 4 个月开始，孩子进入另外一个阶段——想要分离，成为一个独立的人。

孩子本来和妈妈连在一起,出生时经历了生理上的分离。从4个月开始一直到3岁,是孩子要和妈妈或爸爸剪断心理脐带的过程。如果这个过程没有做好,孩子永远不知道如何独立。这个阶段,孩子需要的心理营养是:安全感。在安全感建立这件事情上,妈妈的作用大过爸爸,因为孩子分离的主要对象是妈妈。如果妈妈的状态稳定,孩子会很自然地走过这个分离期,并获得安全感。那么,妈妈怎样的状态,能给孩子提供最好的安全感呢?

首先,妈妈要情绪稳定。常处于焦虑状态的妈妈,很难心平气和,她会担心这个担心那个,情绪容易失控。对孩子而言,最好的妈妈是愿意学习,让自己情绪稳定,跟随孩子的成长而成长。如果妈妈认为自己有情绪问题,一定要想办法处理好自己的情绪,然后再面对孩子。

我们常喜欢为孩子做我们"认为"最好的事情,而实际上,一个稳定平和的妈妈只要做到陪在孩子身边,观察孩子需要什么,然后满足他,就是孩子安全感的最好来源。我们会发现孩子在这个阶段,会时不时跑回妈妈身边,要妈妈抱抱,这时妈妈痛快地抱起他就好了。抱了一下,孩子有安全感了,要下来,那就放他下来,让他自己去玩,不要打扰。他邀请你玩,你就陪他一起玩。顺其自然,当孩子得到了安全感,他就会尝试分离一点。安全感更多一点时,就再分离一点。总之，安全感吸收得越多，越容易分离，这是孩子心理的自然过程。一直不停地离开、回来、再离开、再回来……直到成为一个身体、心理上真正独立的人。

相较而言，不好的做法是，今天妈妈心情很好，就把孩子抱起来玩玩、亲亲；等到心情不好或者很忙的时候，孩子一来她却说，去去去，去找爸爸或者奶奶。孩子老来烦父母，是因为他需要的时候，没有得到满足，并不是因为孩子要的太多。

其次，注意夫妻之间的关系。父母能给孩子最好的东西，不是物质。孩子那么小，对物质没有那么大需求，父母亲之间良好的关系，才是孩子最渴望也最能给他安全感的东西。父母关系好，他自然很开心，因为父母是孩子全部的世界。如果父母经常吵架，相互指责，孩子就会很害怕，而他无法表达害怕时，就会用很多古怪的行为来呈现。夫妻关系在孩子成长的头几年里，是最重要的事情之一。

有的孩子到了四五岁甚至十几岁还会拉着父母的衣角，到了要上学的时候，抱着门不肯出去，都是因为他不能独立、不能分离。可以分离的人，是可以"以情相系"的人，如果孩子在拼命汲取安全感的这段时间，没有得到"可以用情感和别人维持联系"的安全感，整个人就会充满不安和恐惧，那他自然就害怕分离、无法独立。

这个阶段中有一个养孩子最头疼的时期——可怕的两

岁。为什么"可怕"呢？就是因为分离期的孩子，想独立，却没有能力彻底与妈妈分离。这时，孩子对妈妈的要求特别高。因为没有独立的能力，他需要妈妈随时看着他、保护他，并对他的行为有所反应，但是如果你真去帮他，他又不同意，因为他那么渴望独立。所以，两岁上下的孩子最常讲的，就是两个字："不要！"面对孩子的这种"逆反"，我们要拿出"温和而坚持"的态度。可以放手让孩子自己探索的，大胆放手。确实有危险的时候，我们也能够"温和而坚持"地对孩子说"不"。"坚持"是指行为上坚决制止孩子不当或不安全的举动，"温和"是指当我们制止孩子时，态度上不带有评判、指责的情绪。

第四个心理营养：肯定、赞美、认同

当孩子进入 4～5 岁这个阶段，有了"我"这个意识的时候，他非常需要的心理营养是：肯定、赞美、认同。

如果说在安全感的给予方面，妈妈比爸爸更重要。那么在肯定和认同这个部分，爸爸的重要性要大过母亲。父亲对孩子的肯定、认同、赞美，不管是对儿子还是女儿，它的分量都特别重。如果父亲愿意认真地对孩子说："孩子，我很喜欢你，我非常高兴你是我的孩子"，这句话孩子会记得一生，并且开心一辈子。

如果爸爸愿意去欣赏孩子并且用语言和行动表达出来：

"你很棒,爸爸好爱你",孩子会认为:"我很好,爸爸妈妈觉得我很可爱",因此他会充满自信,真正源自内心的自信,他知道自己是个有价值的人。孩子有自信,认为自己有价值,他就会有一个新的我,并且明白"我是谁",然后有信心去面对他的人生,面对人生中的各种问题、难题。

所以,请爸爸一定要这样做!愿意肯定孩子,向孩子表达:"我很喜欢你,你很棒!"得到了爸爸的肯定,一个女孩子会觉得她是一个很好的女孩,作为女性她是有价值的。而一个男孩子,同样会觉得作为一个儿子,他的男性角色是很好的,他是很好的男孩。也就是说,在性别的认同上,父亲的作用更大。

第五个心理营养:学习、认知、模范

6～7岁的孩子,特别需要的心理营养是:学习、认知、模范。

这个时期,要有一个人能做孩子的模范。这个模范可以帮助他解决这些问题:当碰到麻烦时,我怎么办?如果心情不好,怎么办?与别人的意见不同,我怎么办?孩子需要学习如何管理他的情绪,如何处理他生活中的问题,而这份学习来源于一个模范。

对于孩子来说,他的第一个模范就是母亲或者父亲:当生活中遇到一些具体问题时,爸爸妈妈用什么态度来面对问

题？用怎样的方法来解决问题？将来这就是孩子走向社会后处理问题的示范和模板。

父母贴士

心理营养，孩子一生的底层代码！迟来总比不来好

刚出生不久，有人无条件地接纳他，让他认为自己最重要；接下来安全感使他能够独立，然后得到肯定、赞美、认同；到了六七岁有学习的模范。如果孩子能够拥有这些心理营养，等他再大一些，就能够自己选择，去学习其他生活上所需要的能力和技能。总之，未来所有学习能力的基础，决定于 7 岁前有没有得到足够的心理营养。如果有，孩子自然会有生命力去探索、学习新东西。如果没有，他就会耗费大量生命能量，寻找曾经未被满足的心理，比如过于渴望他人的肯定、赞美，而不能够展现那个年龄阶段最好的生命力。

心理营养，能早开始最好。如果没有从一开始就给孩子，也不存在晚或不晚的问题，只要你意识到、发现了，任何时候开始都可以。如果因为缺失太多而导致问题的话，先要处理的，一定是妈妈爸爸与孩子的关系（要给孩子称赞、肯定，告诉他"你很重要"；愿意听他说话，他有需求的时候满足他），以及爸爸和妈妈之间的关系。

另外，把每种心理营养归入一定的年龄段，是为了帮助爸爸妈妈了解在特定阶段孩子最渴求的营养。实际上，这五大心理营养，在每个成长阶段孩子都希望从爸爸妈妈那里充分获得。

2. 先天气质：认识孩子，因材施教

天生气质，是指孩子在出生时就带有的性格倾向。早一点观察到孩子的性格倾向，父母和他的相处就会更轻松，养育也更有策略。

人的天生气质可以分为四大类型：乐天型、忧郁型、激进型、冷静型。其实，每个人身上都会具备以上四种气质，只是其中有一种在我们的性格中占比最大，因而显现为我们的主导气质。不过，这并不表示，拥有一种气质的人，必定拥有这个气质类型的所有优点和缺点，只是说拥有的倾向性比较高。毕竟，人的性格是由"天生气质"和"后天学习"两部分决定的。

为什么要学习"天生气质"？

如果我们打算养一株植物，首先需要了解的是：这是一株什么样的花？需要哪种肥料？需要多少阳光、多少水？植

物的天性各有不同，有些喜欢阳光曝晒，有些却需要躲避烈阳；有些需要大量水分，有些浇水太多反而会枯萎。

同样的道理，当我们养育孩子时，也要通过学习去发现：他属于哪类孩子？他在哪些方面更有天分？又在哪些方面容易出问题？在有天分的方面要多鼓励、给他机会，让他在这个部分充分发展。在容易出问题的方面，则及早引导孩子，规避问题。这样做的好处在于，养育的过程，事半功倍。更重要的是，孩子也比较开心，他有更多机会在自己擅长的领域，把事情做得很好，获得更多成就感。而如果找错了方向（好比我们用错了养植物的方法），孩子也能长大，但可能不会长得那么好，因为他没办法把自己最精彩的部分展现出来。

当然，本身非常敏锐、擅长自省的父母，不是非学习"育儿"这门知识不可。他们通过细致地观察孩子，跟随孩子的需求，也可以成为很好的父母。即使尝试过、出现错误，敏感和自省能力比较强的父母，也会不断调整自己的状态，以及和孩子相处的方式。不过问题在于，更多的父母在面对孩子的"问题"时，第一反应是："这孩子怎么会这样？"或者："我养老大的时候，用这个方法都没问题，到老二这儿怎么就不行了？那一定是他有问题。"他们不是先自我检讨，而是责怪孩子为什么这样懦弱、懒惰、暴躁？他们不知道，这和孩子的天生气质有关，并且当孩子表现出这样一些特质时，这表示他一定有另一面的优点存在，就像硬币有反面，也一定有正面一样。

父母都习惯盯着孩子不令人满意的地方，却忽视了孩子闪光的一面。在养育孩子的过程中，甚至在孩子到来之前，先对孩子有一些了解、有一些育儿知识的储备，就可以少走很多弯路，也比较容易接纳孩子，而不会总是着急上火。

如何观察孩子的"天生气质"？

孩子越小，越容易观察，特别是在 0 ~ 3 岁这个阶段。孩子长大后，反而因为开始模仿父母或喜欢的人，使得性格的表现有了更多后天的成分。其实，当我们有知识储备时，只要足够细心，孩子成长的每个环节都是能够反映出天生气质的：他怎么学爬？怎么学走路？怎么学说话？怎么交朋友？

下面是四种天生气质的典型表现：

类型	特点	优点	缺点
A. 乐天型	兴趣广泛 喜欢交谈 温暖热情 享受人生	乐观活泼 把握现在 同情心强 善交朋友	冲动浮躁 半途而废 肤浅脆弱 容易懊悔
B. 忧郁型	深思熟虑 高度敏感 理想主义 追求真善美	细腻敏锐 忠诚可靠 富有天分 深刻透彻	钻牛角尖 犹疑不决 自我中心 悲观被动
C. 激进型	意志坚决 注重行动 精力充沛 追求成就	勇敢果断 坚持到底 不畏艰难 自律性强	暴躁易怒 缺乏同情 太过固执 自大自满

续表

类型	特点	优点	缺点
D. 冷静型	慢条斯理 小心谨慎 温和稳定 追求和谐	容易相处 随遇而安 思考严密 为人宽容	又慢又懒 不易悔悟 不爱表达 冷漠旁观

怎样根据"天生气质"因材施教？

1. 优点里发展，缺点里学习

不管孩子属于哪种天生气质，他的每个特质里，都必定伴随着优点和缺点两个方面。人人都有短板与长项。在优点体现的那一面，父母应尽可能为孩子提供机会去发展，这个可能比较容易做到。而当孩子展现出的是缺点那一面时，首先，我们要想到它还有一个反面的优点。一个不擅长数学的孩子，可能在语言或艺术方面特别有天分。除非我们期望孩子是完美小孩，否则有短板和弱项是必然的事情。其次，短板意味着我们要给孩子留出更多时间。不擅长数学，不代表不用学、不能学，而是说孩子可能会在这方面花费更多时间，却仍然不是很出色。没关系，了解了孩子的这个特质，把心放平，让孩子达到基本水平就好。不要因此让孩子给自己贴上了"我就是不行"的标签。

不过，与生俱来的缺点、短板，并不是任性的借口。乐天型的孩子花钱比较不那么小心，激进型的孩子容易暴躁，那是不是表示他们就可以大手大脚，或者随意攻击别人呢？天生气质，并不是帮助父母和孩子逃避缺点的借口。一方面我们要理解孩子的特质，另一方面，在行为上，我们还是要帮助孩子学习，并逐渐完善其个性。

比较理想的是，孩子有优势、最容易出色的部分，慢慢累积，将来可以将那个特质或长项用在工作中。而有缺点的部分，也慢慢学习，不让它成为我们前进路上的障碍。

2. 不贴标签

父母没有必要跟孩子说，或者当着孩子的面讨论，他是什么类型的天生气质。我们自己有所了解后，默默地去观察、留意就好。多在优点的部分，让孩子累积自信和成就感，缺点的部分多教导他，让他学习。

每个人成熟的路都很长，天生气质只是我们每个人的一种底色，擅长学习的人会不断从别人的特质和优点中吸收营养，丰富自己。一旦贴上某种标签，反而容易阻碍孩子汲取不同的营养。

3. 根据孩子的气质类型，给他最需要的营养

我们有时会观察到，多子女家庭中，有的孩子成长得特别好，有的特别不好，其中的原因就是，父母并不了解不同特质的孩子需要的东西不一样。运气好的孩子，正好匹配到父母无意中提供的营养，而运气不好的孩子，就莫名其妙地养不好。

比如，相比其他类型，忧郁型的孩子特别需要父母关系稳定。在心理营养供给好的家庭里，忧郁型孩子得益是最多的。因为这类孩子最敏感，自省以及从别人身上学习的能力都特别强。当家庭为他们提供一个稳定、和谐的环境时，他们会最大限度地汲取来自各方的养分。但是一旦家庭环境糟糕，忧郁型孩子也最容易受到伤害，因为他们感受到的负面能量会一直滞留在身体里，造成情绪和心理的问题。而在这样的环境里，乐天型和冷静型的孩子则相对安全。

所以，如果我们可以更清楚地了解自己的孩子是哪种类型、他们有些怎样特殊的需求，养育过程一定会更加顺利和轻松。

父母贴士

不同百分比的气质倾向

人的天生气质分为乐天型、忧郁型、激进型、冷静型四个类型。但并不是说，每个人的身体里只有一种气质倾向。事实上，每个人身体里都分布着四种气质倾向，只是比例不同而已。比如一个孩子有60%的忧郁、20%的乐天、15%的激进和5%的冷静，"忧郁"主导，我们就说这个孩子是忧郁型。而即使同样是忧郁型，也有 60% 和 80% 的含量差异。显然，后者身上体现的忧郁型特质会更加明显。

另外，年龄和性别也会影响气质倾向。比如男孩子身上的"乐天"因子会多一些，而女性（包括女孩）身上的"忧郁"因子会多一些。

A. 乐天型孩子：最在乎关系，拥有人际交往的优势！

类型	特点	优点	缺点	养育重点
乐天型孩子	兴趣广泛 喜欢交谈 温暖热情 享受人生	乐观活泼 把握现在 同情心强 善交朋友	冲动浮躁 半途而废 肤浅脆弱 容易懊悔	理财 计划 反省 为自己负责

就像忧郁型特质在女性身上通常都会占据一定比例一样，每个孩子身上多多少少都会具备一些乐天型特质，比如积极、乐观、热情……因此，我们有时候看到孩子的一些乐天特质时，就会以为主导孩子的气质类型是乐天型，但事实未必如此。只有当下面这些特质体现在孩子大部分的行为倾向上时，他才是乐天型孩子。

性格关键词——积极乐观，人际高手，喜爱享受，渴望肯定

积极乐观

乐天型，顾名思义，性格当中的一大特点是，习惯从乐观的角度看事情。他们往往先注意自己拥有什么，而不是缺乏什么。做事情的过程中，也比较关注成功的一面，而忽略失败或做错的一面。好处是，这样的孩子比较积极、乐观，做错了事也不太放在心上。不好的一面是，容易一错再错。

人际高手

乐天型孩子几乎拥有处理人际关系的所有优势，比如：

感情丰富，有同情心。听到一个简单的笑话，他最容易哈哈大笑。听到别人的伤心事，他最容易流泪，也容易被别人的事感动。乐天型孩子的感受不算深刻，但却非常丰富。如果说忧郁型孩子能抓住别人非常微妙的一些感受，那么乐天型孩子则是你说了他才会感受到，一旦感受到就容易大哭大笑。

因为感受的表达是借助比较外在的大哭大笑、大喊大叫等方式，他即使有不高兴的事，也不会放在心里很久。一刹那非常生气，但再生气，过去也就过去了，不会记仇。这也是他们人际交往的一大优势。与他交往的人可以比较放松，不那么怕踩到他的地雷，即使踩到，乐天型的人也不会太当回事。

乐天型的孩子总的来说，是真正外向型孩子。温暖，且喜欢表达温暖。热情，在天性上又喜欢与很多人联结。在各种场合，他都是调节气氛的角色，他喜欢用讲笑话之类的方式吸引别人的注意，同时让别人开心。

正因为这个特质，乐天型孩子长大后更适合做与人交往较多的工作，不适合做面对电脑和机器的工作。在工作中跟人讲话，通过工作帮助到别人，为别人服务，会让他很有成就感。

喜爱享受

乐天型孩子从小就比较爱花钱，爱享受。同样，长大后，他也是既爱花钱，又爱赚钱。

乐天型孩子是活在当下的，比较会跟着自己身体的感觉去做事情，很难用脑袋里的知识去约束自己。因为，他自我节制的能力比较差。想到了，就要去做，去享受，去体验。

当乐天型的孩子想吃一颗糖时，父母很难用道理教导让他放弃那颗糖。内在感觉的推动力太强，讲再多道理，甚至处罚孩子都没有用。

渴望肯定

每个孩子都希望得到爸爸妈妈的肯定、赞美、认同，但没有一个类型像乐天型孩子那样渴望。

乐天型孩子人生最重要的渴望，是得到自己重视的人的肯定、赞美、认同。如果爸爸妈妈不能为孩子提供这份营养，他对家就不会有依恋。这就像所有树都需要阳光、水分、土壤、营养，不同的是，不同种类的树对这些元素的需求程度不一样。有的树只要一点阳光，太多反而不好，而乐天型孩子就是急切渴望阳光（肯定、赞美、认同）的那种树。

乐天型孩子完全忍受不了你看不到他，没注意他。因此，他在人群中特别想要大声说话、开玩笑，为的就是要别人注意他，并且给他正面的反馈：肯定、赞美、认同。

在家庭中，如果这个需求得不到满足，他就特别容易向外寻求，利用自己很有同情心和侠义心肠的特点帮助别人，也从中收获自己最渴望的心理营养。

养育关键词——优质关系、打温情牌、计划和责任

优质关系

乐天型孩子的父母一定要和孩子建立很好的亲子关系。因为他最在乎的就是关系，如果关系不好，父母别想教导他。

他的逻辑是：我不在乎其他东西，只在乎人。我只有在乎你，才会在乎你的感受，只有在乎你的感受，才会在乎你教导的东西。乐天型很愿意讨好人，但前提是我必须喜欢你。

对于那些想要加强引导孩子的部分，一定不能用批评的方式。而是在孩子做对、做好事情的时候，表示有兴趣："你能不能讲给我听，你是怎么做到的？"让孩子有机会把事情讲得很详细，孩子越讲就会越兴高采烈，然后也会越做越好。

放弃批评，在良好亲子关系的基础上，正面关注他，引导他。

打温情牌

和乐天型孩子相处时，如果父母能学会用温暖的情感引

导他，会减少很多不必要的争执。

比如，你想让乐天型的孩子跟长辈打招呼，如果你说："如果你看到爷爷，叫爷爷，你就是个有礼貌的好孩子"，那么孩子多半不会买账。但如果换个说法："如果你看到爷爷，叫爷爷，他心里会感觉很温暖"，这个话他就能听进去。他能听进去的，总是跟人的感情有关，特别是正面的情感联结和调动。

比如孩子打人，你说："你这样做很不好，这样做不对，人家会排斥你"，这是负面结果的警示，对他而言没有作用，但如果你说："妈妈很在乎你，非常爱你，我相信你一定可以做到……"，他就比较能听进去。

能激励乐天型孩子，让他尽量自我约束的，只有跟别人之间的温暖情感。

计划和责任

乐天型孩子不是"任务导向型"，也就是说做完、做好一件事情对他而言，不是最重要的，他最注重人和人的关系。这样一种特质的直接结果是，他会为了关系，忽略自己的责任。

比如将来长大后，在做一个工作的过程中，突然接到朋友需要帮忙的电话，他可以不顾老板的反对，理所当然地丢下工作，先去帮助朋友。与此不同的是，"任务导向型"的忧郁型，只要答应完成一件事，他就会先完成任务，再照顾他人，他会先和别人讲明："我知道你有问题，但我要做完工作再来帮你。"正因为乐天型人总是把关系摆在任务之前,他常常被别人诟病:不负责任!其实他并不是不负责任,只是因为他要花很多时间安慰朋友、鼓励朋友,工作时间就没了保证。

因此,这个部分的短板需要父母从小引导孩子,让他知道做了选择、承诺过的事情就要做到,要负责任。这样的孩子面对别人的要求时,很容易一口答应,但在面对过大压力时又容易逃避、放弃,只有刻意的引导,才能让孩子的坚持力更持久。

另外,因为自我约束能力较差的关系,乐天型孩子很容易没有计划性。我们也可以引导孩子,做一件事情之前,多想、多找资料,做了决定、选择,就要为自己的选择负责任。

包括对金钱的管理和规划,也是乐天型孩子需要从小学习的,否则容易养成乱花钱、花钱完全没计划的习惯。

B. 忧郁型孩子:感受细腻深刻,天生完美主义者!

类型	特点	优点	缺点	养育重点
忧郁型孩子	深思熟虑 高度敏感 理想主义 追求真善美	细腻敏锐 忠诚可靠 富有天分 深刻透彻	钻牛角尖 犹疑不决 自我中心 悲观被动	放下 宽容 接纳 积极思考

忧郁型孩子,是四种天生气质中,最敏感又脆弱的一个类型。敏感的意思是,当爸爸妈妈可以提供稳定又正面的成

长环境时，他能以最快速度学习和吸收新信息，相反，当家庭环境不利时，他也更容易受到伤害。怎样给孩子提供满足他需求的环境，了解他的个性倾向是教养的第一步。

性格关键词——敏感细腻、深刻专注、完美主义

敏感细腻

可以说，敏感是忧郁型孩子所有性格特征的由来。正因为有这个特征，忧郁型孩子看到、听到、感受到和想到的都比其他类型孩子多。

比如同样面对大自然，忧郁型的孩子特别容易留意到云、花、草、树、动物……深受感动时，会表达出与人分享感受的欲望。和同样容易感动的乐天型孩子不同，忧郁型孩子的感动，是自发的，不是听到别人问"美不美？"他才觉得感动。

他们对人的观察同样敏锐细腻。一个忧郁型孩子和一个冷静型孩子同样打翻一杯牛奶，妈妈的反应可能是不一样的，冷静型孩子不会留意到不同，忧郁型孩子则会问妈妈："为什么你对我们俩不一样？"他无须刻意，就会自然捕捉到人与人相处时一些很微妙的信息。

类似的，忧郁型的人对人的直觉很好。当别人有恶意、心怀不轨时，他们不用通过头脑分析也能感觉到，因此就不容易掉入陷阱、上当受骗。在和爸爸妈妈相处时，父母不那么好的意图和心思，他也很快能察觉并明白。

深刻专注

忧郁型孩子一旦对一件事感兴趣,就会投入比较多的感情和精力。而且,他们对任何事情的观察、了解、体会,都会比一般孩子多,天赋和热情尤其体现在画画、音乐、舞蹈等艺术领域。

相比来说,如果一样喜欢画画,乐天型的孩子画一会儿画就会想让妈妈抱抱,或者跟爸爸互动一下,忧郁型孩子则从很小的时候开始,就比较能坐得住,专注度高,他可以一直重复做一件事,直到自己满意为止。

完美主义

比较极致的忧郁型孩子,甚至在3岁前,就能把玩具收拾得很彻底。即使爸爸妈妈没有刻意教过,他也会本能地在收拾玩具的最后,检查一下较远的地方有没有遗漏,桌子下面、床下面还有没有藏着。他做一件事情,就要彻底做好。这将是孩子未来学习时的一个很大优势,完美主义的倾向,让他学习时比其他人更认真、细致,再加上专注度高、理解深刻的优点,他们学习书本知识时,脑海中甚至会出现画面和故事,因而学习效率很高。

养育关键词——心理营养、情绪管理、人际交往

心理营养

能让忧郁型孩子把优势发挥到极致的基础就是,父母要

给予孩子充分的心理营养。这指的是，给孩子无条件的接纳；满足孩子对安全感的需要；给他"你在我心中最重要"的确认；给孩子肯定、赞美、认同；为孩子做出示范、榜样。

当忧郁型孩子得到这几个心理营养，生命就会绽放得特别绚烂。因为他非常聪明，只要有一个稳定、和谐的家庭环境做后盾，他们就能调动起自己最大的潜力，不断学习，不断进步。

他不是那种需要父母很多教导的孩子，他一边做事情，一边会根据外在反应调整做事情的方式。因此善于自省，他们从错误中学习的速度比别人更快。

不过，"善于自省"很容易变成"过度自省"和"过度自责"。对完美主义的追求，让忧郁型孩子很容易觉得自己不够好。一旦做错事情，就会掉入沮丧的情绪中，甚至一蹶不振。因为失败带来的感受太过深刻和痛心，让他比较难以面对失败，难以重新出发。

所以，当一个忧郁型孩子做错事情时，很考验父母的智慧。忧郁型孩子本来就擅长自省，所以很多时候，孩子做错事情，并不需要父母耳提面命地教导他们，他们可能已经知道自己错在哪儿，下次该怎样改善。即使在孩子的确没有意识到自己的错误，一而再，再而三犯错时，提醒他时也有一个重要原则——对事，不对人。

这个原则虽然适用于所有类型的孩子，但对忧郁型孩子尤为重要。其他孩子因为犯错被训斥一两次,很快会忘记,而忧郁型孩子只要收到对他本人的攻击,就会放在心里,很久都过不去。所以,孩子做错事时,我们可以说:"这样做不对,因为别人看到会不舒服……"但不要说:"你怎么这么笨?一点用都没有!""真后悔把你生下来。"这类针对"人"的攻击,会让忧郁型孩子尤其受伤。

情绪管理

忧郁型孩子感受太多、太深,有了情绪后又不容易放下,所以情绪管理对他们而言是一个非常重要的课题。

比如在一个家庭关系不好的环境里,乐天型和冷静型孩子都比较能撑过去,而忧郁型孩子就很容易吸收爸爸妈妈的问题和负面情绪。他很容易把自己和爸爸妈妈的痛苦、悲伤捆绑在一起,而不容易区分开来,好像是自己造成的问题一样。

所以,一方面我们要尽可能少向这类孩子输送负面情绪,另一方面,当孩子有情绪时,我们要为孩子提供很好的情绪疏导途径和方法。比如不管孩子是哭闹还是沮丧,我们要耐心倾听他:"嗯,妈妈看到你很难过。"孩子大一些后,也可以引导孩子用语言表达自己的情绪,或者把它们画出来、喊出来,或者通过唱歌、跳舞、玩游戏发泄出来。久而久之,父母对孩子有效而温和的情绪引导,会内化成孩子长大后对自己的情绪管理方式。

人际交往

人际交往，很容易成为忧郁型孩子的短板。因为，追求真善美是忧郁型孩子一个显著的特质，无论对自己还是别人，他都特别认真，甚至较真。矛盾的是，人际交往中，最讲究弹性。这个世界上再优秀的人，人性中都有不完美的地方，而忧郁型孩子本能地很难面对和接受爸爸妈妈、朋友老师以及自己身上不完美的地方。

因此，这个部分需要爸爸妈妈帮助孩子去认识。当孩子与小朋友发生冲突时，要引导他了解到：每个小朋友都有自己的缺点，但这并不妨碍他还有一大堆优点，他还是一个可以一起玩耍的小伙伴。

不过，忧郁型孩子绝不可能像乐天型孩子一样，交一大堆朋友。虽然他和大部分孩子相处都没有问题，但因为选择朋友标准较高，他只会挑选为数不多的人当自己的好朋友。与对待兴趣爱好的方式一样，他只要选定了好朋友，就会开始一段比较持久的关系，和好朋友的联结也非常深厚。

特别需要提醒的是，决定孩子的人际交往能力的，也与心理营养充分与否有关。忧郁型孩子看人深刻、透彻的特点，决定了他很容易直奔缺点。只有当心理营养足够时，他有与人爱和联结的能力，才会让他对别人的缺点发展出包容、体谅的态度。否则，任由"批判性强"的本性发展下去，他很容易变成看谁都不顺眼的批判者，从而让别人对他敬而远之。

因此，引导忧郁型孩子逐渐接纳自己的不完美，接纳别人的不完美，这不仅是放别人一马，也是放自己一马。

C.激进型孩子：勇猛执着，容易取得成就！

类型	特点	优点	缺点	养育重点
激进型孩子	意志坚决 注重行动 精力充沛 追求成就	勇敢果断 坚持到底 不畏艰难 自律性强	暴躁易怒 缺乏同情 太过固执 自大自满	建立道德观 激发同情心 放弃控制欲

从外表看起来，激进型和乐天型孩子有相似之处：比较乐观、外向，待人接物的态度友善而开放。但实际上，这两类孩子的内在气质相差甚远，他们之间最大的区别就在于，激进型孩子目标感强，同样表现为大方、友善、开放，激进型孩子会有更明确的目的：这样做可以得到别人的喜欢，在玩耍时会聚集更多朋友，会更加如鱼得水。

性格关键词——目标感强、意志坚决、天生领袖

目标感强

激进型孩子最显著的性格特征就是目标感强，他的所有优缺点，几乎都围绕这一点展开。他的行动风格完全是目标导向性。

当然，这个目标是由孩子自己定下的。当定下一个目标是自己想要完成的事情，他接下来就会全力以赴，朝着这个目标前进。如果中途受挫，目标没有实现，他还是会继续坚持下去，直到成功。危险、威胁甚至死亡都不能阻止他向目标迈进的步伐。他永远是成就第一、目标第一，为了成功，可以不问手段。不是说激进型孩子长大后，都会变成不择手段的人，而是为了目标，他可以选择不在意过程。

意志坚决

因为是目标导向型，激进型孩子的行动力特别强。在行动过程中，他们展现出来的意志力、抗压力和自律性，也是其他类型孩子无法企及的。

即使在很小的孩子身上，父母也能观察到这样的性格倾向。比如两个同样1岁多的孩子学走路，乐天型孩子学一学，要休息一会儿，累了便不再继续。而激进型孩子就能够在一天内一直不断重复，跌倒了爬起来再试。这么小的孩子，受父母后天教养影响还非常小，遇到问题、挫折时，是放弃还是坚持？几乎都是先天气质带来的自动反应。

等再长大一点，在学习过程中，他们也有明显差别。首先，激进型孩子很有自己的想法和判断，一旦他决定要当个好学生，把功课学好，就会非常坚毅。他会通过反复练习达到优秀。只要他想考第一名，不管那个科目多么难，他都会坚持下去，面对一时的困难和压力，他的转化能力特别强。简单地说，激进型孩子的抗压能力普遍较高，乐天型孩子则相反。乐天型孩子碰到辛苦事情，很容易放弃，除非他在某个科目上特别有天赋，很容易取得成绩，然后因为别人的称赞而愿意继续努力。

天生领袖

从上面的特质来看，激进型孩子容易取得成就是理所当然的事情。很多大企业家、大革命家、大政治家，都属于激进型。

如果说有天生领袖这回事，激进型在先天气质方面绝对占了先机。他整个人的能量度、生命力都是最强的，天生精力充沛，有目标、能抗压、有决断、能坚持都是好领袖需要的素质。另外，他天生喜欢控制别人，也是领袖需要匹配的特质之一。

忧郁型的人，虽然也是从小专注度很高，容易取得成绩，但他天生对名利比较淡泊，也不喜欢掌控别人，他把真善美和自己的价值感联系在一起，而激进型的人则是把成就、成功和价值感紧紧联系在一起。

养育关键词——建立道德观、激发同情心、放弃控制欲

建立道德观

为达成自己心目中的目标，百折不挠是激进型孩子的显著优势。但这样的孩子将来成长不出问题的一个重要前提是：孩子的是非观、道德观必须要建立好。

如果说养这样的孩子，其他什么都不用做，只做一件事

情的话，那就是树立好孩子的是非观。

因为激进型孩子从小就有非常明确而坚定的想法，他有了自己的目标后，比如学习的方向，他根本不需要父母去督促、监管。他所有的行动、学习、对外表达，都是朝着自己既定的方向前进。

当孩子的是非观、道德观正确时，他在实现目标的路途中，不怕困难、不在意别人看法的品质，会一路为孩子的成长护航。但如果是非观出现偏差，他的力量感那么强，一旦做坏事，破坏力也是极大的。

所以，在大是大非的教导上，父母一定要通过自己榜样的示范，为孩子注入健康的价值观。孩子将来向"大好"还是"大坏"的方向发展，就取决于这项教导。

激发同情心

相比其他类型，激进型孩子天生对弱者没有那么多的同情。因为当他自己遇到困难时，自然的态度就是面对，所以看到那些遇到一点问题就倒下、逃避的人，他会轻视，并且理解不了别人为什么会那样。

这也是为什么激进型的人，在做事情的过程中，可以用比较残忍、不择手段的方式的原因——他对别人没有那么天然的同情心。如果我们在养育这类孩子的过程中，帮助他渐渐习得同情心，那么他将来行为出轨的可能性也会比较小。

面对每一类孩子，我们当然都可以教导他们帮助那些需要帮助的人，或者帮助弱者，但激进型孩子尤其需要我们刻意多花时间，去观察和影响他。比如，我们要多留意这类孩子的行为，有没有比较不顾他人感受，甚至以大欺小的表现。或者从小带孩子去做一些帮助别人的事情，比如和孩子一起，把他的压岁钱、零花钱捐给有需要的人。

追求成就本身并没有错，如果激进型孩子从小接受"善"的引导，"爱"的能力被充分调动起来，孩子将来如果从事的是很有爱心的工作，那么他发挥的能量会更大。也许父母只是在平常的待人接物中为孩子示范了"小善"，但如果父母真的可以成为激进型孩子心中的榜样和愿意模仿的对象，那么他就可能展现"大善"，甚至把它当成事业来做，因为他本来能力就强，扩散好的能量的能力自然也比一般人强。

放弃控制欲

激进型孩子最忌讳遇到掌控型父母。

他的生命力特别强、非常有主见，当他的想法和目标得不到父母支持，反而遇到来自父母的阻挠时，那一股强大的生命力就容易被迫流向破坏性的方向。比如高压型父母，非要让孩子听从自己，你不听，打到你听从为止，孩子如果正好是激进型，就很容易人格变质：在家被打没办法反抗，那就去外面打别人，欺负比自己弱小的人。

激进型孩子非常不喜欢别人控制自己，只喜欢做自己认可的事情，因此，养育了这一类型孩子的父母，要格外给孩子更自由的发展空间，除了大是大非的价值观问题，在孩子认定的方向上，都要积极给予正面的支持。否则，面对违背本心的强压，激进型孩子只能以异常强大的破坏性力量和父母对抗，两败俱伤是必然的结果。

D. 冷静型孩子：小心谨慎、思维能力强！

类型	特点	优点	缺点	养育重点
冷静型孩子	慢条斯理 小心谨慎 温和稳定 追求和谐	容易相处 随遇而安 思考严密 为人宽容	又慢又懒 不易悔悟 不爱表达 冷漠旁观	接纳慢节奏 多给肯定 鼓励表达感受

就像女孩天生"忧郁气质"成分比较多一样，"冷静气质"在男孩身体里的比重也较大。这是因为，女性天生感受因子较多，而男性思维因子较多。

冷静型气质的孩子，看上去比较安静内向，喜欢独自一人待着，不像乐天型孩子哪里热闹往哪里去。冷静型孩子会选择与少数几个特别信任的人联结，而不是大多数人，这样的社交风格来自于他天生谨慎的个性。

性格关键词——天生谨慎、温和稳定、擅长思考

天生谨慎

天性谨慎的意思是，别的孩子有三五分把握就愿意做的事情，他要七分把握才肯尝试。为了做事情比较有把握，他

通常习惯于做事前搜资料、做计划、多思考，甚至最好别人给他一个榜样示范，让他看到一件事情可能出现的结果。冒太大风险绝不是他的风格。发展得比较极致的冷静型性格，单靠脑袋，想一件事情就能想得非常细腻，甚至滴水不漏，每个环节、每个细节，都考虑得非常严密。

冷静型孩子在人群中的状态，也能反映出谨慎的个性。那种衣服颜色特别鲜艳、特别亮、款式非常特别的孩子，绝不是冷静型的。冷静型孩子因为这样的穿着而在人群中变得非常显眼时，他会很不舒服，或者更直白地说，会感觉到不安全。一旦他有自主选择穿着的权利，他一定会选择普通颜色（通常是暗色）、普通款式的衣服，绝不标新立异。他最希望在人群中没有人发现他、注意他。

类似的理由，如果冷静型孩子的父母比较爱出风头，希望孩子可以在大家面前展现一下才艺，诸如唱歌、演讲等，他们的期望十有八九要落空。父母的这类期待和勉强会让孩子非常不舒服。众目睽睽的注视或掌声，并不是冷静型孩子想要的，他们也不会因此有享受的感觉。

温和稳定

冷静型孩子的天赋之一是，有逻辑、有条理、思考力强。他把一件事前前后后想好后，就可以照着自己的想法去行动。相比之下，忧郁型孩子即使知道怎么做是对的，但常常因为感受情绪太多而无法行动。因此，冷静型孩子的一大性格优势就是：情绪稳定，不易受外界影响。

比如，一个家庭里，父母关系不和，总是吵闹，冷静型孩子可能会这样思考："爸爸妈妈出现这样的问题，我能不能帮忙？"如果得出结论："即使我很想帮忙，但原来这根本就是我帮不了、管不了的事情，那我就站远一点。"而忧郁型孩子面对类似问题时，就会在感情上陷进去；冷静型孩子则不会，他比较有界限感："爸妈的事，他们自己处理，我自己的事，自己管好就好了。"

冷静型孩子还非常愿意按照条例、规矩做事。面对这样的孩子，我们要把期望他做的事情，一二三讲清楚。如果他达到了你的要求，他希望你会感到满意，而不要拿那些你没有讲清楚，所以他也没做的事情来批评他。冷静型的人会觉得自己很好，很负责任，受到批评会觉得不公平。的确如此，冷静型性格就是我们通常所说的老实人，他很少惹麻烦，交代给他的事情，如果他答应了，就一定会有头有尾地完成。

自得其乐

有的孩子，当父母给他的心理营养不够时，内心会非常挣扎，而冷静型孩子却可以适应得较好。同样面对不理想的家庭环境，冷静型孩子会想："怎么办？"他可以想一些办法开解自己，并且自得其乐。因此，相比忧郁型和激进型孩子，他受的伤害相对也较小。

人际关系方面也一样，冷静型孩子不需要很多朋友，有少数几个知心朋友就够了。虽然有时也难免孤单,但多数时候,冷静型孩子非常享受和自己在一起的时光。

养育关键词——接纳慢节奏、多给肯定、鼓励表达感受

接纳慢节奏

冷静型孩子属于比较少让父母操心的类型,除了上面提到的性格优势外,冷静型孩子将来数理化成绩都会比较好,对金钱的管理能力也是其他类型孩子无法比较的。唯一可能让父母抓狂的就是,冷静型孩子做什么都比较慢,不管是吃饭、洗澡,还是做功课,整个人的动作节律都比别人慢半拍。慢的原因当然还是因为个性谨慎,做任何事情都需要多一点时间思考和准备。

人的生理、外在节奏和心理节奏是一致的,当冷静型孩子天生慢节奏得不到尊重和理解,爸爸妈妈老是催孩子"快一点、快一点"时,他心里会觉得很不妥善、没有安全感。但因为性格温和的关系,当他被催时,他也不会发脾气,他的方法是,更加拖拉、更加被动。

冷静型的人,虽然看上去个性温和,但骨子里非常固执、倔强,因为他觉得任何事情,他都尽可能要想周到,他不希望别人干扰他思考、行动的过程。事实上也是如此,如果父母不嫌这样的孩子慢,他的整个人基本会没有问题。没有纪律问题,没有破坏问题,没有情绪问题,跟别人相处时虽然不是最受欢迎的,但人际关系也基本没问题。

多给肯定

相比激进型孩子,冷静型孩子看上去总是精力不够。冷静型成人虽然多从事办公室工作,但回到家就好像刚做完苦工一般疲累。这是因为不管是工作还是生活中的事,冷静型的人思考都太多,氧气大部分都输送到大脑用于思考,因此他真的很累。

孩子也一样,因为慢,再加上看着总是一副懒洋洋的样子,父母很容易觉得这样的孩子懒。实际上,这跟懒无关,只是精力不那么旺盛而已。这类孩子看着不那么活泼,不那么爱跑爱跳,时常需要休息一下。其实,身体是很有智慧的,知道有太多精力要消耗在脑袋里,所以会自动休息,保护精力。

懒或者慢这样的外在表现方式,很容易让父母指责、批评孩子。但就像看到孩子慢,催他,他会越来越慢一样,看到孩子"懒",就鞭策孩子勤快点,也会适得其反。面对冷静型孩子,如果我们希望他哪个方面做得好,多在他那个方面做得好的时候认可他、表扬他就可以。只有通过正面肯定的方式,才会激发孩子积极行动的动力,让他变得比较有力量,比较有行动力。

鼓励表达感受

冷静型孩子从小就比较好养育,最容易出现的问题,是在进入婚姻以后。因为天生不那么喜欢表达感受,亲密伴侣常常会有一种面对木头人的感觉。

所以，父母可以从小引导孩子表达感受。这需要我们为孩子营造一个安全表达的环境。如果我们常常对孩子说："这有什么好哭的？""男子汉这点事，还值得生气？"孩子就会更加觉得表达感受不被接纳，不够安全。

在家庭这个最值得信任的地方，冷静型孩子只有从小练习表达感受，并且慢慢发现表达感受并不是一件危险的事情，他才有可能习惯于表达感受。这并不容易，尤其是开始的时候，需要我们给这样的孩子更多的接纳和耐心，去倾听，甚至主动引导他表达感受："别人那样说，你是不是觉得很生气？如果是妈妈，也会生气呢。"

只有在家庭里，先养成"可以表达"的习惯，孩子才有可能在面对外面信任的朋友时，也尝试表达感受。交朋友也是一样，不要逼迫他交很多朋友，只是在时机合适的时候，鼓励他尝试和别人相处、交往，这样孩子才会慢慢愿意向更多人敞开心扉，扩大自己信任的人群。

3. 生命的五朵金花

如果孩子得到的心理营养充足，那么，生命的五大天性便会自然得以良好生长，它们犹如生命的五朵金花，在人生的旅程中悄然绽放。

种子
需要阳光、水、空气，
植物尽可能努力
绽放自己的美丽，
开花结果。

人也像种子，
如果他跟自己的生命力联结，
生理、心理营养充足，
就会绽放生命的五朵金花。

如果心理营养充足，人生开放的第一朵花是

爱的能力

地球生物里面，我们最懂得爱，

如果心理营养够，

我们就会爱别人，

也接受别人对我们的爱。

如果心理营养充足，人生开放的第二朵花是

独立自主

人生而为自己负责，

没有人不渴望做自己。

当人觉得无奈、不能自主，

他会觉得好像没活着。

所有小孩都想负责，

却被教成不负责。

如果心理营养充足，人生开放的第三朵花是

联结

没联结会寂寞孤独，

本性需要至少和一个人联结，

不能这样时问题就会出现。

不想联结不符合人性，

能够联结是生命力的明证。

如果心理营养充足，人生开放的第四朵花是

价值感

人类追求价值。

我们都希望有价值，

少年人常说"无聊"，

那是在追求价值感，

不只是追求物质和爱。

木瓜会开木瓜花，

不会开别的花，

如果自己开的花和自己不一样，

就会问自己：我是谁？

我是宇宙独一无二的存在，

一次四亿精子比赛我跑第一，

所以无须和别人攀比。

一棵树不会问另一棵树："我有用吗？"

古往今来我是唯一的，

如果我离开世界，

再也不会有我，

所以要珍惜自己。

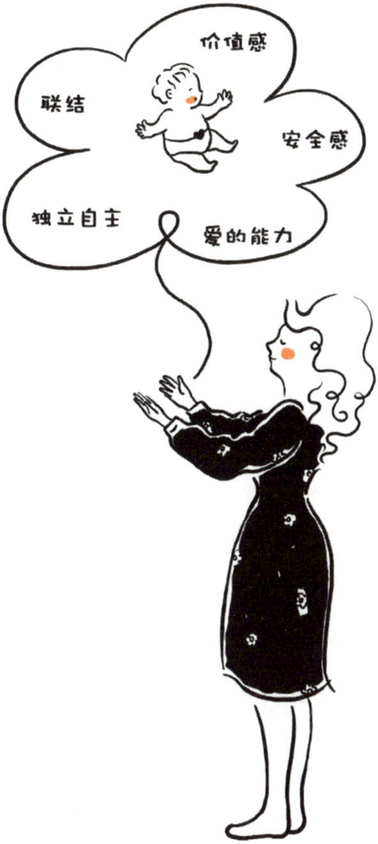
价值感
联结
安全感
独立自主
爱的能力

如果心理营养充足，人生开放的第五朵花是

安全感

不是外在的安全感，

而是我觉得有安全感，

不管外在发生了什么，

当我害怕时我可以往前走，

哪怕是天灾人祸。

不去控制人，

不是黏着让人不舒服。

真正的安全感来自内在，

即使风雨交加、电闪雷鸣，

我的内在依然安全。

下篇：问题与解决方法

父母都希望孩子能够健康成长。可是，我们也许不知道，就像需要身体营养一样，孩子在不同的年龄阶段，还需要不同的心理营养。如果幼年时孩子没有得到足够的心理营养，在其后的一生中他都会不断寻觅，并因此引发各种状况，直到找到曾经缺失的心理营养。

1. 安全感

所谓的"安全感"是指，孩子相信自己。他知道，自己在面对各种困难、问题时是安全的，可以从困难、问题中走过去。

除了心理营养中提到的父母关系、妈妈稳定的情绪可以给孩子安全感，在日常琐碎的生活中，培养孩子安全感最重要的一点是：让孩子在生活里，多为自己做主、做事情。比如他喂自己吃饭，自己穿衣服，自己收拾书包……任何孩子都可以自己做出选择，孩子可以做的，都让他充分动手尝试，每一个环节、每一次过程都能为他增加一分安全感。

所以，从孩子很小的时候开始，就可以放手让孩子为自己做事情，不要催促孩子，不要计较结果如何，让他失败、学习、累积经验、获得自信。如果反过来，父母非常保护孩子，为他做这做那，孩子就容易没有安全感。即使父母关系好，爸爸妈妈对他也不错，但什么都不让他自己尝试，他对自己就会有怀疑:"一旦没有你的时候,我是不是就不行了?"过度保护其实是在给孩子的安全感减分。

下面就家长提出的安全感方面的问题进行详细解答。①

Q:女儿1岁3个月,最近特别黏我。我上洗手间、洗澡、做饭,她都缠着我不放,要我"抱抱"。即使玩玩具正玩得高兴,一旦发现我要抽身离开,她都会追上来。我几乎什么事也不能做。孩子的所有这些需求都应该满足吗?

A:3岁之前,可以满足的尽量满足。不能满足的时候,只能让孩子学习接受。

这么大的孩子还不懂得用花招和心机让妈妈抱抱或者关注,孩子表达的完全是出自天然的需求。一般,1岁以内的孩子只要一发现旁边没有亲人在,他会就哭,而越靠近3岁,他就会变得越独立,越不黏人,但即使是3岁的孩子也不能接受很长一段时间看不到亲人。

另外,孩子的安全感越足,他越可以接受妈妈走开一下。在妈妈能做到的情况下,尽量满足孩子抱一抱、黏一黏的需求,可以增加孩子的安全感。

---

① 以下 Q(question)表示家长提出的问题,A(answer)表示作者的解答,全书同此。

Q：我一直很庆幸，10个月大的女儿每天早上能愉快地和我说再见。可前几天我休假在家，全天候陪伴了一周后，第二天早上我要上班去，她却一反常态，大哭着不让我出门。难道是因为我陪她太久，惯着她了？以后该怎么做？

A：要么是孩子碰到一些问题，突然感觉害怕，希望妈妈可以在家，要么就是她觉得妈妈陪伴的时间非常不够。总之，你就把这当成一个"孩子安全感不够，需要妈妈多花时间陪伴"的信号吧。

以前孩子可以平静地面对妈妈离开，可能只是因为她接受了一个事实：妈妈到了时候就会出门。但妈妈在家待了一个礼拜却仍然让孩子感觉没够，这显示出之前妈妈的陪伴是不够的。所以，妈妈要做的是，多花时间陪孩子，而不是减少时间，让她慢慢习惯。没错！孩子的确会习惯，但这个问题是没有解决的，如果一直继续这样的状态，终有一天妈妈会付出代价。当孩子长大一点，面对分离，比如换学校、换班级时，她可能就承受不起。如果等到那时候再去弥补就有点迟了，小时候做好这个工作是最值得的。

对于时间有限的妈妈来说，有品质的陪伴时间当然是必需的，但也不能因为觉得"我给了一定的有品质的时间"而理所当然地就陪孩子很少很少的时间，那只是一个借口。只要孩子看到妈妈在旁边，即使妈妈什么都没有做，也是有很大意义的，因为这能给孩子安全感。

Q：宝宝8个月，刚断奶不久。最近发现她整宿地把手指放在嘴巴里，有时候吸几下，大部分时候就是在嘴里放着。如果我偷偷把她的手指拿出来，她就会大哭，或者很快又把手塞回去。怎样才能帮她改掉这个习惯？

A：喂母乳是孩子和妈妈之间最直接也是最深入的联结方式，所以吃奶不仅是喝进母乳而已，它也是孩子获得安全感的途径。所以，妈妈断奶的时候，要尽量拉长断奶时间，慢慢给孩子加奶粉、辅食，不可太过突然。

当然一下子断掉母乳，对有的孩子来说是OK的，但有的孩子就不行。因为每个孩子的敏感度不一样，不能看别人家没问题就照做，还是得看自己孩子的情况，你的孩子可能属于比较敏感，需求比较多的。

妈妈是可以试着把孩子的手拿出来，但如果她又放进去，就可以不用管了。因为她才8个月，还不到需要爸爸妈妈去特别采取行动的时候。也就是说，成功更好，不行也不强求。

Q：女儿2岁多，始终把我的一截睡衣袖子当作安慰物，睡觉的时候必须拿着，常要放在鼻子旁闻。我理解这是她对安全感的需求，所以一向并不阻止。但是最近她开始要求出门也要带着这个袖子，我也该满足她吗？

A：我认为满足她比较好，这样可以缓解她在整个成长过程中害怕的感觉。虽然这看上去有一点"纵容",但没有办法,面对害怕的感觉,有的孩子可以承受,有的不可以承受,你的女儿还在需要安慰物的阶段。

孩子3岁前,如果妈妈一直在身边,他就不需要找安慰物。但事实是,妈妈不可能24小时都在,所以几乎所有孩子都会去找一些安慰物,当成妈妈不在时的替代品。

一般来说,那些柔软、有毛、有妈妈或者自己气味的东西比较容易成为安慰物。有些安慰物很容易被发现,有些却不容易察觉。比如当一个孩子抱着毛绒玩具时,看上去很可爱,就比较不引人注意。但如果孩子拿的是妈妈的袖子甚至内衣,那就显得比较怪。

通常孩子满3岁后才开始有独立的自我,在这之前他需要跟某些东西联结。这样的需求不是安全感够不够的问题,而是孩子在3岁前的任务就是通过各种渠道,不断吸收安全感。

等孩子满3周岁差不多准备好可以接受教导,妈妈就可以试着引导孩子离开安慰物。但这其实也是一个自然的过程,不需要太刻意去训练。孩子觉得安全感够了,自然就分离了。

Q: 快3岁的女孩,最近有话总是不直说。爸爸让她不高兴了,她就说:"刚才大灰狼干坏事了。"在外面,小朋友不小心碰到她,她也说:"刚才狗尾巴草蜇了我一下。"突然看见一个老外,她就说要离开,问她是不是看见外国人紧张,她偏不承认，只说："我就是想爸爸了，想回家。"她说话怎么老绕弯子呢？这正常吗？是不是因为安全感不够？

A：正常！这么小的孩子能有多少安全感？本来就不够。

也有另外一种可能。孩子的直觉告诉她：当面评价别人是不好的。她知道拒绝别人，或者当面评价别人会让对方难堪。这样的孩子是非常敏感的，即使你让她批评别人，她也会说不出口。孩子的表现没有问题。

不管怎样，当她这样说话时，我们给她示范正确的讲法就行了。比如"哦，刚才是爸爸惹你不高兴了吧！""那个小朋友不小心碰到你了吗？"让她知道，她是可以这样讲的，免得她养成习惯，以后都说这种充满隐喻的话，总让别人猜，而别人是没什么兴趣猜这种隐喻的。不过，她要不要学着说，还是她自己的事，不要逼她。

Q：22个月女宝宝。平时是爷爷奶奶带，跟家人都很亲。但只要看见我出门就哭闹要跟我一起去，可以顺利跟爸爸说拜拜。后来，我想办法劝她，跟她说："妈妈上班赚钱给宝买饼饼吃。"或者"来跟妈妈说拜拜好吗，宝宝好棒！"她当时会很爽快地答应"好呀"，但真到我出门那一刹那，依旧哭闹说："不要。"这样，我只能躲着她出门了，可我又很想跟她高兴地说拜拜。我到底该怎么做？

A：以这个年龄来说孩子还是很正常的。孩子心里觉得跟妈妈是一个人，妈妈离开那一刻她会有害怕的情绪，所以哭闹都很正常。妈妈要做的就是告诉她："妈妈知道：我出去，你会很难过。但妈妈很快就会回来，爷爷奶奶会跟你在一起。"其实孩子哭两声也就停了，慢慢地，她看到妈妈每天都是早上出去，晚上回来，她就知道妈妈会回来的，然后就一点点适应了这个过程。如果妈妈觉得有需要，也可以在到办公室后，给她打个电话问候一下，为的是保持一点联系。

妈妈不需要躲着孩子出门，孩子可以开始学习接受自己会难过，难过的时候哭一下也不要紧。其实更需要调整的是妈妈，妈妈要接纳这个阶段——"孩子看见我出门就是会难过！"妈妈常常受不了看到孩子难过和哭的样子，但其实这非常正常，也是孩子一个学习的过程，并不会带来什么心理伤害。

Q：3岁的女孩，常常要求捏姥姥耳朵，晚上必须捏着姥姥的耳朵睡，严重时甚至影响翻身。这是安全感不足导致的怪癖吗？

A：这谈不上怪癖，很多孩子都这样，把某一个东西当成他重要的依恋物。这在心理学上有一个专门的名词，叫作"过渡性重要他人"。

"重要他人"是孩子的父母，或孩子自己选择的能给他安全感的人。"过渡性重要他人"则不是指人，它通常是"软软的、毛毛的、温暖的"物品，比如毛绒玩具、妈妈的衣服、旧毛巾和毯子，甚至有点毛毛的胳膊。它常常替代重要他人让孩子获得温暖和安全感，是一种精神上的安慰物。

孩子这样的举动，实际是获得安全感的过程，当孩子安全感足够了，这样的行为自然会消失。如果姥姥觉得可以接受这样的行为，那么可以随着孩子。如果姥姥觉得这样不妥或者不舒服，那也可以对孩子说："姥姥觉得这样不舒服，我可以给你找个别的东西代替。"说这话时，语气一定不要是责怪，而只是客观地叙述这样举动对人造成的不适。捏耳朵可能最多有点不舒服，像有的孩子在公众场合摸妈妈的乳房，或者选择妈妈的内衣作为安慰物，妈妈是可以对孩子说"不"的。

至于孩子安全感的根本来源，主要取决于妈妈或者主要养育人的情绪是否稳定，爸爸妈妈的关系是否融洽、稳定、安全。这两点做得越好，孩子吸收安全感越快越多，这种非常需要"过渡性重要他人"的行为也会越早消失。

Q：23个月女宝宝，特别黏妈妈，下班后一秒钟都不能不见到妈妈。妈妈上厕所，她也在门外撕心裂肺地哭喊。晚上关灯睡觉了她还要拿本书拉着妈妈讲，不想讲就哭；早晨比妈妈起得早，一起来还是拿书拽着妈妈读。作为妈妈，我从早到晚这样被黏着，真的感觉好累、好想休息，怎么办啊？

A：正常。孩子现在正处在"可怕的两岁"的阶段，她在心理上差不多已经准备好要开始和妈妈分离，但又有一部分不想分离，非常挣扎，所以这么大的孩子是特别耗费妈妈精力的一个阶段。妈妈要根据自己的情况，可以的话就做，不可以的话不管孩子怎么闹都告诉她："妈妈现在不行。"

不过，如果要给建议的话，还是建议妈妈在这个特殊阶段，在孩子身上花更多的时间。

首先，虽然最后的这个分离阶段很特殊，孩子有很多需求，要表达很多自主性，但并不是所有孩子都会闹到妈妈心烦意乱。有可能，在之前的阶段，妈妈并没有给予孩子充分的满足，否则孩子只是单纯地比较喜欢说"不"，而不会这样黏人。之前满足越好，度过这个阶段也会越顺利。

其次，情况再好的孩子这时都需要妈妈更多的关注，这种关注是孩子在为尝试与妈妈分离做准备。他开始有很强的独立性，要做很多独立的探索，但他又不确定自己是否安全，所以总是希望妈妈时刻在身边给自己安全的确认。也就是说，妈妈要做花更多时间陪伴孩子左右的准备，同时又要明白，孩子希望的是"妈妈在"而不是"妈妈管"。否则引来孩子的反控制，两个人就很容易走进权利斗争的怪圈。所以，这时候的妈妈真是又费时间又费心力，非常辛苦。

另外，当妈妈感觉到和孩子相处出现了这个问题，其实是说明我们的时间需要做出重新的分配，不能期望自己的节奏一成不变。比如孩子非常小的时候，还不太会动，妈妈的自由空间反而更大些。而等到孩子会跑会跳，对我们有各种期待时，我们会感觉有些应付不过来，这表示我们的时间可能要随着孩子的需求做一些调整，要看看手头有没有一些可以减掉的工作？见朋友、参加各种活动的频率能不能降低一点？两三岁的孩子真的需要妈妈多放时间在家里，让他放心去探索，让他顺利度过这个阶段。

很多妈妈会不习惯调整，于是怪孩子"你为什么这样？""为什么那样？"，但孩子跟着最自然的节奏在一天天变化，需求也变得不同，我们不可能要求生活一成不变，或者让孩子来适应我们。孩子小的时候，妈妈常常只能保留生活中最重要的部分，等孩子长大后我们再慢慢找回之前的节奏。

Q：宝宝3岁。从11个月断奶开始吃上安抚奶嘴。孩子越大，对它的依恋性越强。晚上一爬上床就要吃，半夜醒了也要吃，不给就哭。怎么办？需要强行戒掉吗？

A：这个孩子的安全感不够。所以这个问题的解决办法，不在于通过出招让孩子戒掉安抚奶嘴，而是爸爸妈妈怎么想办法给予孩子安全感。安全感越好，孩子越容易脱离安慰物。

一般来说，当爸爸妈妈关系很好时，孩子的安全感基本就是够的。在这个前提下，如果妈妈又能很温和地对待孩子，那么他的安全感就会更充足。所以，首先要检查夫妻关系，爸爸妈妈关系不好，孩子安全感就不够。另外，当孩子做错事情时，爸爸妈妈可以指出来，但态度要温和，尽量不把成年人自己的情绪转移到对孩子的批评上去，指责他这个做不好，那个做不好。

Q：别人都说月子里的宝宝好带，但我的宝宝从生下开始就睡觉很少，非要抱在手里才能睡着，一放下就醒，白天睡得少，晚上也睡得晚。我特别担心他的发育受影响。他这样正常吗？通常是什么原因造成的？

A：一个重要的原因可能是孩子出生的过程比较困难，或者因为早产、疾病等原因，一出生就留在医院治疗，而不是时刻跟在妈妈身边。这样的经历尤其对那些天性敏感的孩子的影响比较大，会带来很多问题，比如很难带、很喜欢哭闹、入睡困难、一放床上就醒、一点声音就惊醒……在医院，护士没有办法抱够宝宝，只能机械地给他喂奶、洗澡，这和从妈妈那里获得亲密感和心理营养完全是两回事。

还有一个说法是，剖宫产的孩子难带，但这也只是一个说法，很难得到证实。要追踪剖宫产和顺产这两种孩子长期的情况，一来需要大量样本，二来孩子成长受太多因素影响，很难判断某个结果是否由单纯的生产方式导致。

通常来说，孩子睡太少的确会让发育受影响，也有医学报告说孩子的身体在睡眠中会做最大的修复和成长。

Q：儿子不到2岁。一直不能接受我去上班的事实，不管之前怎样讲道理，只要看见我准备上班出门，就会黏住我不放，我只好让奶奶把他转移到别的房间再偷偷溜走。但是我最近发现，我在家时，他经常会玩着玩着突然回头看看我在不在，似乎溜走的办法给他留下了不良影响。请问，我该怎样让他接受我上班这件事？

A：让孩子接受"妈妈要出门上班"这件事，讲道理是没用的，只能用"陪"来加强孩子的安全感。妈妈可以采取52页应对22个月女宝宝的办法。

另一个可能会对孩子有帮助的是玩捉迷藏的游戏。

这么小的孩子在玩捉迷藏时，还是会有一定程度的焦虑，他怕妈妈真的跑了！所以，孩子有时候看到你，有时候看不到你，这样"紧张——放松——紧张——放松……"的过程会对孩子有暗示作用：即使妈妈不在眼前，妈妈的爱是在的。同时，孩子也在学习接受"妈妈不在"所带来的焦虑感。

不过，这个游戏只适用于本身安全感足够的孩子！当妈妈没有常常在孩子身边，或者孩子的安全感严重缺失时，游戏不会奏效。

要加强孩子的安全感，妈妈必须多花时间陪孩子，多抚摸、多拥抱，在他提出需要的时候帮助他，不要离开孩子太长时间，出门时也不可以偷偷溜走，否则孩子会很没有安全感，觉得妈妈可能随时就会消失。所以，宁可让孩子伤心大哭，也要在他面前消失，然后再在他面前出现。

Q：我的宝宝母乳喂养到1岁4个月，一直比较依恋母乳、抵触奶粉，但断奶倒还比较顺利。断奶后一个月有些咳嗽，非要吃乳头，不给的话能哭吐了，于是我就以乳头安抚了一周。现在睡觉必须吸乳头，不给就哭得撕心裂肺，一直会哭到给为止。请问，怎么转移孩子对乳头的依恋？

A：首先也是最根本的，我们要在生活里多让孩子感受到安全感。乳头和安全感是直接相关的。如果孩子平常或者醒来时，非常有安全感，那么对乳头的依恋自然会减少。

这个年龄段，安全感的一大来源，是孩子自由探索时妈妈的态度。1岁4个月的孩子已经会爬，甚至会走，他们会以妈妈为中心，在妈妈周围活动。所以，当孩子玩了一阵子，爬来妈妈身边、找妈妈时，妈妈要给他黏一下，或者他伸手要抱，我们就抱抱。等到孩子身体扭来扭去要下来时，我们就放他下来。这样简单地"要挨着就挨、要抱着就抱、要自己玩就自己玩"，孩子慢慢会逐渐消除对乳头的依恋。但如果安全感不够，孩子就会继续频繁地找乳头。

其次，从具体方法来说，不要希望一下子让孩子戒掉对乳头的依恋，要慢慢来，从一天4次减少到2次，再到1次。一下戒掉乳头，对孩子来说表示要一下子分离，因此他肯定无法接受。添加奶粉也是，慢慢加量，等孩子顺利接受60ml

奶粉，过渡几天，再添加 20ml，等稳定了，再继续加量。孩子不可能断掉母乳后立刻就接受奶粉，有的孩子更是无论如何也接受不了奶粉。总之，对 3 岁以前孩子的任何训练都必须循序渐进，一点点慢慢向前推动。

如果孩子可以变成白天不需要，只是晚上需要，那已经很不错了。其实 1 岁半到 2 岁半这个年龄段，本来就是跟妈妈分离最挣扎的阶段，所以，不要用强迫的方法，用孩子可以接受的、很自然的方法训练就可以。

有的妈妈误以为，1 岁多的孩子比 1 岁以内的孩子更好断奶，因为孩子更大一些了。这是完全错误的观念。1 岁以前反而是比较容易断奶的，到了 1 岁半到 2 岁半这个阶段，断奶会非常困难，因为这是孩子最害怕分离的阶段之一。这时他发现自己已经可以自由探索，具备了一定的分离能力，因此非常渴望分离，可同时另一种同样强大的感受是"舍不得和妈妈分开"，两种力量的拉扯会让孩子非常纠结，直到他自己感觉完全准备好了才敢分离。否则，如果这个过程中有强加的外力（妈妈断奶的打算）催促他分离，他会立刻牢牢黏住妈妈。所以，通常 1 岁多难以断奶的孩子，就要等到 2 岁半左右才可以断掉。

Q：我家宝宝马上就满 2 岁，还总是吃手。1 岁以前我以为是口手敏感期就没有太多干预，可现在都 2 岁了还是吃。

现在的手又红又肿，我看着真是着急，想了很多的办法都没用，真不知道怎么办？

A：基本来说，吃手是不是个问题，和年龄无关。不管在或不在口手敏感期，如果手没有问题，那么就没问题，但如果手已经吃到出问题，比如又红又肿就肯定过头了，有问题了。因为很自然地，孩子一般哪里痛就不动哪里，都已经红肿孩子仍然忍不住吃手，那只能说明孩子心里的痛已经大过他身体的痛了。

吃手问题的根源是：孩子太焦虑，他只能用吃手来解除焦虑。焦虑的原因，要么是和"重要他人"在一起的时间不够，要么是"重要他人"虽然陪孩子时间够，但自己很焦虑，把焦虑传染给了孩子。

"重要他人"指的是孩子主动选择的、给予孩子成长过程中所需要的心理营养的人。一般来说首选是妈妈，妈妈不行的话，再选爸爸或老人。这个人对孩子的安全感是否足够、情绪是否稳定起着决定性作用。

如果你是孩子的重要他人，那么看到孩子严重吃手的情况，你要做的是：

1. 尽量多陪孩子，多跟孩子玩。陪他聊天，给他讲故事，晚上哄睡时多抚摸孩子，以此让孩子安全感增加，焦虑减少。每天陪伴多少时间，不是一个可以刻板规定的量，就像植物，有的植物需要的水少，有的需要的多，孩子也一样，要通过观察他的情况，根据他的需要满足他。总之，当孩子出现问题时，就一定是我们需要做出调整的时候了。

2. 察看自己是否有焦虑。这个时代的妈妈很容易患上焦虑症，但自己却难以察觉，所以只能通过孩子的情况来判断我们自己是否焦虑？是否要减轻焦虑？如果孩子有焦虑表现，养育人十有八九也是有焦虑的，因为孩子完全是一面反射我们自身情况的镜子。

Q：儿子4岁，最近突然变得非常黏我。晚上睡觉非要跟我一个被窝，白天也特别需要我频繁地抱他。4岁之前都没有这样，怎么好像突然倒退了一样？我很担心一个男孩子这样，将来很不独立、很没有男子气！

A：因为你的儿子现在正进入分离阶段，所以焦虑感被引发出来，让他突然变得很黏人。

从儿童心理发展的角度来说，满3岁（也就是进入4岁）的孩子开始进入一个新阶段。在这之前，孩子更多地把他和妈妈看成一体，他通过密集的联结从妈妈那里吸收安全感。而在这之后，自主、独立才变成他最重要的任务，他开始真正脱离妈妈，尝试成为一个独立的个体。在被强烈独立意识召唤的同时，另一股相反的力量也变得异常强烈，那就是面对和妈妈分离所带来的不安。

当孩子提出黏人的要求时，妈妈满足他就好了。等他觉

我们常喜欢为孩子做我们"认为"最好的事情,而实际上,一个稳定平和的妈妈只要做到陪在孩子身边,观察孩子需要什么,然后满足他,就是孩子安全感的最好来源。

得安全了，内心里会自然而然地生出一股力量，推动他去分离、独立。

至于男子气的问题，完全不用担心，也不需要特别引导！因为孩子没有这个概念，他也不需要有这个概念。如果你非要对孩子强调这些的话，只能说是强塞！

其实一个男孩子能不能有男孩子的样子，首先，这取决于在他成长的过程中有没有被鼓励"做自己"。如果在家里，他生气了可以表达，伤心了也可以表达，这种表达当然不是指打人之类，而是用比较恰当的方式，比如说出来、画出来……那么他就会把男性的角色发挥得很好。同样，如果一个女孩被允许表达自己，她也可以把女性的角色发挥得很好。

一颗木瓜树，一定是开木瓜花、结木瓜，只要给它自然的环境，不要乱给它基因改造，你不用担心它会长出别的果子。人，也是一样。父母不需要特别做什么，比如对女孩子讲"你讲话应该怎样怎样，吃饭的时候应该如何如何"，或者对男孩子讲"你要坚强，你要独立，你要有男子汉气概"，这些根本不需要！这些已经写在他们的基因里了，他们唯一需要的就是正常发展，然后男女的角色就会发挥出来，不会混淆。

其次，一个儿子会不会长成一个有男子气概的人，还取决于他跟父亲的关系是否良好？只要父亲愿意跟他联结，愿意肯定他，即使这位父亲的性格本身非常温和，儿子也会变成男子汉。

现在的男孩子之所以缺乏男子气，原因在于，他们跟妈妈的关系太好，跟爸爸的关系不怎么样。他们很少跟父亲联结，很少得到父亲的肯定，加上妈妈的过度保护，总提醒他有危险，都使男孩们变得比较退缩。

2. 情绪管理

著名的心理治疗大师萨提亚女士在大量观察中发现，父母亲对于孩子力量的掌握、知识的学习一般都很有耐心，比如孩子学走路，可以在一次次的跌倒中反复练习，父母给了他很多时间和耐心，但对于情绪的学习，父母亲却没有那么多耐心让孩子跌倒、受伤、感觉疼痛，然后再学习。

这可能是基于我们的一个错误认识：孩子有负面情绪是不好的。因此我们认为，让孩子没有负面情绪的妈妈，才是好妈妈。如果孩子表现出胆小、生气、嫉妒，我们就会认为自己这个妈妈当得不够好，所以总是企图避免和掩盖这些情绪。

事实上情绪并没有对错，我们常常把情绪划分成"正面"或者"负面"，只是代表情绪带给我们的感受，是舒服或者不舒服。不舒服的负面情绪，会提醒孩子什么事情需要改变，这样他才有机会去学习应对、处理的方式，学着改变自己的想法，改变目前的状态。

负面情绪太多，对孩子有什么影响

孩子有情绪后，通常有两种表现：

1.随意发泄出来，伤害别人，最后导致别人排斥他，人际关系出现问题。

2.用生命力来压抑情绪，导致孩子的成长和学习受到干扰。

就像其他任何生物一样，人是跟着自己的生命本质去发展的，而原本所具备的生命力一定会提供足够的能量，供他展现自己生命的本质。但如果情绪太多、内在干扰太多，生命力的消耗就会太多，这就意味着，孩子不能用他所有的生命力来学习、行动、跟人交往、调整自己、得到自己想要的东西……

特别的是，0～6岁是孩子自然而然社会化的阶段，是五官最敏感的时候。单从别人的声音里，他就能够分辨出这个人的情绪，以及自己的一些话语是否恰当，他会思考如何表达怎样才恰当。情绪好的孩子有能力调动五感来找出一些蛛丝马迹，然后知道怎样的言行举止在和别人的互动中是有分寸的，是被接纳的。

相反，孩子的情绪太多，内在很乱，他就没办法在最好的年龄里锻炼这些分辨能力。这些能力当然还可以在以后的日子里通过头脑去学习，可无论爸爸妈妈怎么教，或者自己怎么学知识，那个尺度的把握依旧很困难，从长期来看会大大影响孩子的人际关系和社会化能力。

养育情绪稳定孩子的原则

想要养出情绪稳定的孩子,最重要的原则是,父母尽可能给足孩子心理营养:无条件接纳,安全感,让孩子知道"此时我最重要",肯定、认同、赞美,以及做好榜样。

切忌三个"不要":一是不要伤孩子自尊,讲"你很懒""你很笨"这类贬低人格的话。二是不要在公共场合让孩子觉得羞耻。三是妈妈自己不要太焦虑。

3岁前孩子的情绪问题一定源自他和父母的关系。被父母亲责骂最容易产生情绪问题。孩子已经开始的与外人的互动也会对他的情绪有影响。任何人际互动都最容易引起孩子的情绪波动。

Q:果果2岁8个月,刚上幼儿园。她非常喜欢幼儿园,老师也挺不错。但是最近老师反映说:"果果什么都好,就是一句都说不得,刚说一句,还没批评呢,她立刻就哇哇大哭!"自尊心这么强,以后怎么办呢?

A:2岁多的孩子都是这样:不希望别人说她不好,听到不好,最直接的反应就是把难受的感觉表达出来。其实任何人被批评时,都会难受,只不过成人有更多表达方式,比较容易恢复而已。而2岁多的孩子拥有的表达方式很少,哭、通常就是最直接的表达方式。

重要的是，先接纳孩子的情绪："被批评当然会难过。"然后告诉孩子："老师这样说你的时候，她说的是一件事，而不是针对你这个人。"常常这样对孩子讲，她就能明白。

另外，妈妈平常在对孩子说话时也要注意，不能说："你这个人真笨、真懒惰、真差劲。"措辞要针对事情，而不是人，这样你才能真正告诉孩子："我没说你这个人，而是事情，这个事情要改过。"

Q：女儿一遇到任何挫折都会哭鼻子。比如和小朋友合奏曲子时，她没有跟上节奏就会有特别强烈的挫败感。我该怎么帮助她才好？

A：把这当成一个机会教导她：当她遇到挫败的时候，应该怎么办？

我不赞成没完没了地安慰孩子，跟她说"没关系"。因为，有时候安慰会减轻孩子的挫折感，而当挫折感不是来自于道德上的对错时，就应该让孩子学会面对和接受生命里的不如意，比如别人不喜欢他，或者他做得不如别人好。

简单的安慰之后，直接告诉孩子失败后应该怎么做就可以了，因为她总要学习如何面对挫折。比如当某个小朋友做得比她好时，让她观察这个小朋友好在哪里？她是怎样做到的？父母千万不要指望让孩子回避竞争，也不要教导孩子别去和别人竞争,最重要的是,我们和孩子都要用正确的态度面对竞争。

当然,如果爸爸妈妈在自己面对挫败和竞争时,示范好的处理方式,那么这对孩子会是最好的教导。

Q:悠悠平时难免会因为调皮受到我的批评。以前批评他,他会生气地扔东西以发泄他的不舒服,但是扔东西的结果就是导致我更多的批评,所以现在他改成在自己手背上狠狠咬一口,来发泄自己的情绪。孩子这种发泄情绪的方式让我觉得很心疼,也很苦恼。可是孩子在成长的路上,不受一点批评是不可能的。我应该如何帮助悠悠排解受批评以后难过的情绪?

A:如果孩子的表现已经到了这种程度,说明妈妈的批评过头了。

妈妈可能觉得自己没问题,或者为自己辩护说"我在教他""我的批评很合理",但我们应该从孩子的反应里找答案、做检讨。孩子伤害自己已经是一种偏差行为,而这种行为表明孩子内部的情绪过满,超出了可以承受的范围,这十之八九不是因为孩子过度脆弱,而是妈妈的态度过了头,自己却毫无察觉。

所以,现在妈妈要做的不是想办法让孩子学习承受情绪,而是反省自己在批评孩子时,声音和语气里有没有过大的力量？声音能量过大，语气过于强硬都会引起孩子的过度反应。试试改变自己对孩子说话的方式，看能不能好一点！如果温和客气的教导对孩子不管用，我们也可以尝试其他办法，比如，孩子不肯收拾东西，我们就不同意他出门玩，直到他完成分内的事情。温和的说教没效果，不代表我们只能用激烈的批评。

即使当孩子犯了很大的错，我们需要用认真、严肃的态度讲尖锐的话时，我们也要用身体和孩子做连接，比如靠近他，用手握着他的手或肩膀，告诉他："你刚才那样做，妈妈觉得错得太离谱。"这样，孩子比较容易听进去教导，因为这种方式让孩子感觉自己只是被批评，而不是被拒绝。"妈妈的批评不代表妈妈不爱我、不要我"，恐惧也会因此减少。

另外，我们也可以反其道而行之。比如当我们想让孩子养成收拾东西的习惯时，那就在孩子收拾好东西的时候表扬他："你自己收拾了，真好。"或者"东西收拾得整整齐齐，放回了原位，我很高兴。"我们的目的只是为了教导，而不是发泄自己的情绪，所以如果正面鼓励比批评更有效，为什么我们不用这个方法呢？

Q：宝宝快4个月了，最近情绪变得很不好，精神也不是很好，爱哭，白天爱睡觉，晚上又睡得晚，原先还喜欢和我们咿咿呀呀的，最近都不愿意说了。他是怎么了？

A：可能是身体不舒服，这么小的孩子如果不是身体不舒服，一般不会有情绪问题。生病了，孩子的身体会做一些抗争，导致精神不好。这时候，我们多抱抱孩子就行了，孩子情绪不好时，拥抱能给他最多安抚。

另外，这么小的孩子，情绪完全受妈妈影响，妈妈情绪好他就好，妈妈不好他也不好。

Q：有一天我出门上班，走得比较着急，没太照顾到女儿的情绪。后来听家里的老人说，女儿在家哭了好久，一直喊"找妈妈"。等我下班回到家，她早已没事了，我还是不太放心，睡觉前问了问她："今天不是哭了？妈妈走时没抱抱你，是不是委屈了？"我想知道，这样做过头吗？我对孩子的情绪的关注是不是有些过头？

A：妈妈的做法是可以的。至于有没有必要，那要看妈妈和孩子两个人的需求。比如这个过程当中，起码妈妈心里已经有了不踏实，想跟女儿聊聊，那么就可以聊。

在这方面，我们要向孩子学习，他们是最自然地在做沟通。面对情绪，当孩子觉得自己可以消化或者从中学点儿什么，那么就让它自然过去，不必讲出来。当他觉得自己处理不了，则自然会表达出来。所以，在妈妈这里，是不是每件有关孩子情绪的事情，都需要过后更好地处理一下？需要妈妈跟着自己的感觉走。如果孩子没有主动提出，但我们总觉得心里有个事，不踏实，那么就去主动找孩子。我们和孩子一样，是自由的。

至于对孩子情绪的关注有没有过头？没有人可以告诉我们答案，我们只能跟着孩子的整个成长过程，在与孩子的互动中不断去摸索。只要跟孩子在一起时，我们可以做到尽量温和，尽量不用过于激烈的情绪和言辞，都不会有太大问题。

一旦有问题，其实是孩子给你信号。有时候孩子会说："妈妈，别再说了！"或者当我们因为害怕、焦虑对孩子"过好"，做得"过多"时，孩子会觉得很辛苦，并用表情告诉我们，比如皱眉头、不耐烦、听不下去、避开话题……只是我们很多人根本没在观察孩子的反应，只是一味地跟着我们的头脑，即使孩子说"别说了"，我们还是停不下来，非说不可。

Q：3岁的男孩。如果我发现他尿急的样子，提醒他，他根本不理会甚至会发脾气。更糟糕的是，如果我忍住不提醒他，他会真的尿在裤子上，并会因此发更大的脾气！这是为什么？我到底该怎么做？

A：不提醒。他可以发脾气，但是他冷静下来之后，妈妈还是要告诉他："下次有感觉，要记得去厕所。"

两三岁的孩子正是最执拗的时候，他很想自主，讨厌别人主动来帮忙，除非他自己提出要别人帮忙。而且对于这么大的孩子来说，控制大小便是他很重要的一个工作、一项成就，他非常希望自己能够搞定，所以一旦搞砸了，比如尿在裤子上，他会很挫败、很不高兴。妈妈要允许他有这种失败，并认同和接纳随失败而来的各种负面情绪。

Q：最近，3岁半的女儿从幼儿园回来后，总是拼命吃东西。但她吃东西明显不是因为饥饿，有时候吃太多都成积食了，晚上翻来覆去睡不好。周末就不这样。这是因为她在幼儿园不开心吗？问她她又说不出来。我需要怎样帮助她？

A：情绪带来这个问题的可能性比较大。否则，正常情况下，孩子吃东西是跟着自己感觉来的，饿了才吃。这样不顾身体的不舒服一直往嘴巴里塞东西，应该是情绪有问题。而暴食通常和"失落""悲伤"的情绪有关。

我猜并不是因为幼儿园里发生了什么特别的事情（比如她被人打了），而是因为她没办法适应幼儿园。面对不熟悉的环境，她感觉害怕，但又一定要去，不得不和亲人分离，于是感到失落和悲伤。

我们可以陪伴孩子慢慢度过这个适应期。孩子暴食、失落，这个明确的信号告诉我们：需要拿出更多时间和她在一起，听她说话，跟她聊天。不要骗自己说，孩子自己慢慢会好。她不会自然而然就好起来，除非她是个乐天型的小朋友，很容易被其他孩子吸引，和他们非常融洽地在一起，和他们联结。

如果是内向的孩子,她可能比较困难走到那一步,她在家里的部分没做好,就不会愿意跟外面的小朋友打交道,参加外面的小团体进行社交。所以,我们只能做一件事情,尽量减少自己在外的时间,多拿出一些时间陪孩子。和亲人联结不够,她就没法做好分离,没有办法分离,将来也就没有办法在外面和别人联结。

妈妈跟孩子在一起时,做什么、说什么并不是重点。重点是跟她在一起,让她感觉到自己爱说什么就说什么,爱玩什么就玩什么,妈妈都会陪在身边。仅仅是这样简单的联结过程,就能让孩子从中吸收足够的营养。

另外,最近有很多研究报告说,女孩子的暴食和失落情绪与爸爸有关。满3周岁的女孩开始对爸爸有大量的需求,她很希望多和爸爸在一起,希望得到爸爸的肯定、赞美、认同,希望爸爸对她说"女儿很漂亮""女儿很乖""爸爸很喜欢这个女儿"……如果孩子对爸爸的这些渴望得不到满足,就比较容易感觉失落,然后用吃来填补。

Q:我女儿看见电视里有人哭,就会假装出一个表情,说:"哈哈哈,我看到她们哭,好开心啊!"但我一看到她的样子就明显知道那不是她的真实感受。她为什么会这样?

A:这是一种防卫。

至于为什么她要否认自己的真实感觉,那就要看家里人是否说话时常常带着"双重信息"。所谓"双重信息"就是：我这样认为，但我不直接告诉你。比如孩子问妈妈："妈妈，我要出去，可以吗？"妈妈说："你喜欢啊？你喜欢就出去！"而这时孩子其实从妈妈的声音里可以感觉到，妈妈不想让她出去。然后这个孩子就会愣在那里：出去，怕妈妈不高兴；不出去，妈妈又会说："我已经让你出去了，是你自己不要去的，那你不要说我不让你出去哦。"

当一个人在长期不安全的情况下，不敢把自己的真心话告诉别人，但又希望别人明白，就会常常这样讲相反的话。这样，不管对方怎样做，他都不用负责任。比如有的老人接到子女的电话会说："你不用打电话回来啊！"可是，如果真的不打，他会生气，如果打，他又继续这样说。

当家里人常常这样表达"双重信息"时，孩子就会学会这样的表达方式。比如看到别人哭她也想哭，但她却会伪装说："我很开心啊。"但实际上是她看到别人哭是伤心的。可以看出，她的表情或声音跟内容表达的，是两样东西。

也有可能是孩子感觉自己哭了，会被大人说，于是这样来掩饰。总之，之所以防卫就是因为觉得不安全，如果安全，想哭就哭了。妈妈也许觉得，自己没有不许孩子哭啊！不一定是不让孩子哭这一件事情本身，而可能是在其他场合常常表达"双重信息"，让孩子感觉到表达真实感受是不安全的。

Q：宝宝6个半月的时候我开始上班，刚开始感觉宝宝跟着奶奶挺好，也没有什么不适应，只是每次我回去他都急着想吃奶。这两天突然感觉宝宝看我看得很紧，我一起床她就醒来，醒来就大哭，也不让把尿，怎么也哄不下。不知道是不是宝宝这两天很清楚地知道妈妈不在，因而不适应闹情绪？看着很着急，真不知道该怎么办才好？

A：我们做妈妈的要学习一件事情：任何改变发生时，孩子一定需要一个适应的过程。不可能改变发生，孩子却一点反应都没有。他一定会有点情绪，哭闹一定会发生。宝宝现在这么小，情绪的表达更是直接，只要妈妈给予宝宝恰当的支持，慢慢地他就能承受和适应，而且这对他将来很有用。

孩子在不久的将来一定会碰到跟他原来的习惯或者预期不一致的地方，但因为有了之前的经验，孩子会感觉到：我可以过去。生活中的一切都可以自然地帮助孩子学习。

这个过程中，妈妈要做的事情包括：

1. 像平常一样，当宝宝难过、紧张的时候，我们拍拍他，安抚他，让他觉得自己背后是有支持的。将来长大后，他也同样会知道：我能过去，我不是一个人。

2. 妈妈自己要放松，给孩子传递"我知道你现在很辛苦，但一定会过去"的信息。妈妈不能希望宝宝对妈妈的离开无动于衷，也不能希望自己看到宝宝难过却没有一点感觉。大家都可以有难过，但妈妈同时也必须告诉自己：这个过程是必然的，也是必需的。它一定会过去。这样，宝宝才不会因为妈妈的焦虑而延长适应期。

3. 平时多花时间陪孩子玩。

Q：我的女儿常常会突然生起气来，并说："我生气了！"但又说不出为什么生气。我怎么才能找出她情绪的根源，并帮助她学会处理情绪？

A：已经可以表达"我生气了！"这么大的孩子，她的负面情绪来源最主要有两个：

1. 夫妻关系有问题，容易导致孩子的情绪爆发。
2. 在他的社交生活中，比如自己的小社区里面或是幼儿园，有人欺负他。

所以，妈妈可以去检查一下，看看潜在的可能在哪里。

第一个可能性不用说，妈妈需要想办法来改善夫妻关系，否则孩子很容易处在强烈的不安全感中。

如果是第二个原因，妈妈就要教导孩子如何应对。其实，每一个孩子在刚进入小社会时都会碰到类似问题，但心理营养足够的孩子自然而然知道如何处理。他知道在小群体里该怎么讲话，怎么吓退爱欺负人的小朋友，怎么保护自己。但心理营养不够的孩子，比如在家被过度控制，内在有很多情绪的孩子，在幼儿园就会特别容易招惹其他的孩子，但争执起来又不知道如何处理。

不一定要教孩子打回去,但底线是要教孩子懂得保护自己。比如,告诉孩子:"如果你总是被某个小朋友欺负,你可以回来告诉妈妈,妈妈会出面帮你解决。"

如果孩子还没有能力主动表达,可以试着问问:"最近跟小朋友之间有什么事情发生吗?""你有没有不愿意跟别人玩?""别人有没有不跟你玩?"但是,妈妈问问题时如果表现得太焦虑、紧张,孩子就会感觉到,她就不愿意说出来。如果孩子不讲,我们可以试着先说说自己小时候的事情:"你知道吗,妈妈以前在幼儿园……"一般三四岁的孩子听到这些就很容易把话说出来了。

在孩子情绪爆发的当口,我们如何引导他?

简单对孩子说:"妈妈知道你生气了!""妈妈看到了你的情绪!""来,妈妈抱抱!""到妈妈怀里哭一下。"说话时,妈妈越淡定、越不焦虑,效果越好。

孩子也可以发脾气,扔一些不会弄坏的东西,或者用枕头、沙包打打沙发、墙壁,发泄一下。底线是,不可以打人,也不可以摔掉容易坏的东西。或者也可以教孩子:"你可以大声喊出来'我很生气!'"

Q:我儿子现在3岁1个月,喜欢玩一些情景游戏,或是跟爸爸妈妈比赛做一些事情,但他总是想赢,想当第一,如果输了,会很委屈。请问这种情况正常吗?该如何引导?

A：孩子输了一定会有负面情绪。不过，爸爸妈妈还是得让他有时输、有时赢，因为在最自然的状态下，孩子和同龄人玩一定会有输有赢。我们既不能因为想锻炼孩子总是让他输，也不能因为害怕他有负面情绪总是让他赢。

输了孩子当然不开心，成人都不太能正确对待输赢，何况是孩子呢！孩子不开心时，我们不需要刻意做太多，接受他的情绪就可以。如果我们总是想方设法教育孩子，企图让他输时也很开心，或者表现得落落大方，要么我们花再大力气也说服不了孩子，要么孩子心里会很纠结，明明是不舒服的、失落的、委屈的，表面上却要装作若无其事的样子，很辛苦。其实能够坦坦荡荡接受自己失败后的不良情绪，并且接受"这件事情上人家就是比我强"，已经是很好的心态了。

不过，的确有些孩子天生对输赢就没有那么在乎，这种天性是强求不来的。而且，不在乎输赢有不在乎的好处，在乎有在乎的好处。我们都见过一些什么都不介意的人，他当然很随和，但竞争力和战斗力肯定不强。最好的是孩子在长大的过程中慢慢学会分辨，哪些是我不用介意的，哪些是我需要介意的，这次做得不好，我下次要更努力一些。

Q：女儿25个月，遇到困难会发脾气，比如东西放不进钱包，试了几次后就会发脾气，哭哭啼啼，然后扔掉，甚至躺地打滚。我通常的做法是，先是把她抱起来，然后猜原因，告诉她放不进去没关系，妈妈可以帮你，并对她说有困难要说出来，不要哭。可一段时间之后女儿并未改变，我的处理方法正确吗？

A：我认为妈妈已经处理得比较好了。

你的孩子正处在"可怕的两岁"的阶段，这个时候的孩子都很容易发脾气，碰到挫折、碰到做不了的事情就会发脾气，这是挺自然的一件事情。妈妈要做的是，孩子这样闹，就让他自己闹一闹，我们不受影响，只是把这看成一个特殊的过渡期就好了。当然也可以表达关怀："有什么事需要妈妈帮忙？"或者教她怎么做，总之让她明白妈妈知道你做不到会不高兴，你不高兴妈妈也会陪着你。但如果她还是发脾气就说："等你脾气比较好了，妈妈再来抱你。"

唯一要注意的是，不用对孩子说："不要哭。"孩子要哭就哭，我们无意识中说的"不要哭"，实际上是对她的情绪的不接纳和堵截。看到孩子伤心、生气，只要问一句"怎么了？需不需要帮忙？"就好。

Q：儿子刚上幼儿园没多久。每次从幼儿园回来情绪都特别激烈，整个人发疯似的宣泄，别的小朋友看他一眼，他都接受不了。我也知道不应该打他，但在他发疯的时候，打一顿才能让他立刻冷静下来。面对这样的孩子，我该怎么办？另外，我的儿子是严重敏感体质，不知道他的性格和这有没有关系？

A：孩子有太多愤怒，这是典型的、内在充满一大堆情绪的表现。孩子这样，我怀疑家里出问题的可能性比较大。十之八九，父母对他的养育方法有问题，对孩子比较凶，比如说话的声音大、喜欢对孩子喊叫、拧孩子的耳朵之类……

简单说，父母要想想看：为什么孩子会有这么多愤怒？建议父母多看一些养育类的书籍，以便对孩子的需求和心理发展有个基本了解。总之，多从自己的养育方式入手解决问题。仅仅一个外部环境——幼儿园，是不可能单方面导致孩子有这么多情绪的，特别是在幼儿园里别的小朋友都很好，唯独他例外的情况下。当然，刚上幼儿园的孩子，还不习惯离开亲人，开始集体生活，这也的确会给孩子额外的压力，但这不是根本的，只不过是起到了激化原本已经存在的内心冲突的作用。

身体太过敏感，导致孩子容易积累情绪，是有这个可能性的。也就是说，如果同样的养育方式不当，别人家的孩子可能没事，你家的孩子却爆发出各种问题。但如果养育方式没问题的话，即便天生敏感的孩子，也不会出现这些问题。另外，体质敏感会影响情绪，情绪反过来也一样会引发身体的敏感，它们是相互影响的。

Q：我的儿子遇到挫折时特别容易发脾气。比如练琴的时候，有一个地方总是出错，我会提醒他，然后他就特别生气。可是，以后怎么可能不遇上挫折呢？总不可能一直一帆风顺啊！

A：当孩子知道自己错了，当他认同这个错误的时候，是不会发脾气的。所以，要么孩子觉得自己没错，要么就是厌烦父母一直唠唠叨叨。

人的天性就是如此：错了我可以一声不吭，但没错我一定要说出来。孩子更是这样。

正因为这个原因，当孩子挨打时意识到自己错了，是不会把这感觉放在心里的，但如果孩子觉得自己没错却被打，那种愤怒会一直记在心里。

还有一个可能性是，父母让他感觉很不安全，他知道，自己一旦承认了错误，父母会把错误作为武器攻击他。这也是为什么面对孩子的同一个错误，有的人说他他不承认，而另外一些人说他他却愿意承认，因为他知道在后者面前，即使承认错误也没什么。

当孩子因为被冤枉而委屈时，重要的是告诉他该怎么办。你要告诉他，有时候，我们需要去接受，因为没有人能做到全知全能，是人就会有看错的时候。如果孩子觉得自己被冤枉了，过后可以跟对方讲明白。如果孩子太小还不会讲，那就通过角色扮演游戏来教孩子。

我们不能改变环境,所以只能教孩子面对这种挫折感。

Q：宝宝13个月,很聪明、很活泼,但他只要一不如意就用头撞地或使劲用手拍头。怎么样才能把他从急躁的情绪中带出来?又要怎样才能让他知道他这样做是不对的?

A：我的猜测是宝宝吸收的情绪太多了,父母亲尤其要小心自己的夫妻关系,还有对待孩子的方式是不是太急躁?太高压?太控制?因为到这样一个地步,即使这里面有孩子天性外向的成分,这显然已经是一种过度反应。反应最大的可能性就是夫妻关系不好,常有争执,使孩子累积的情绪需要用这么强烈的方式表达出来。

在孩子有情绪的当下,最好的做法是抱孩子离开原来那个地方,"咦,你看那边是不是有辆小汽车……"转移注意力对1岁左右的孩子非常管用。不用讲道理,让他的情绪暂时转移就好。

当然这只是应急的方法,想从根源上改变孩子的急躁还得从根源入手：父母两人的关系、情绪,以及对待孩子的方式。

孩子没办法明白自己做得对不对,他们都是用最本能的方式直接反应。而且,虽然妈妈觉得这样做不对,但对孩子来说,却是绝对正确的。否则,太多难受的情绪积累在身体里,会一直攻击孩子的身体,所以孩子很清楚,只有这样做,才能让自己舒服点,这是他能找到的最好方式。

Q：越来越多的专家强调父母要尊重并认同孩子的情绪，我也尝试着这样做。在他们伤心、生气的时候，我替他们描述不好的感觉并认可这些感受："嗯，妈妈知道你难受了。你现在一定希望……"可是，通常我越描述，孩子越委屈，有时简直委屈得不得了。对自己做错的地方，因为我的安慰反倒忘了，光顾着觉得自己受委屈了。我开始怀疑，他们真的需要那么多安慰吗？

A：处理孩子的情绪并不等于一味地认可它，更重要的事情是：让孩子明白怎么应对。

如果只是妈妈很擅长安慰孩子，孩子自己并没有学会如何处理负面情绪，那么最终高EQ的那个人是妈妈，而不是孩子。

所以，孩子的负面情绪到来之后，妈妈要做两件事情：

1. 用简单的几句话认可他的情绪，"我看到你很委屈。"或者"你真是很伤心啊！"，但是不要告诉孩子或者让他感觉到他的行为都是对的。

2. 等孩子安静下来之后教他处理：你要怎么办？怎样解决那些让你产生负面情绪的事情？

处理孩子的情绪，是现在父母需要特别学习的一门功课。以前我们小时候被爸爸妈妈打了骂了，可以去劳动，漫山遍野去跑，环境帮我们发泄了很多负面情绪。但现在的孩子整天关在屋子里，没有情绪发泄的通道，父母必须更用心地教会孩子情绪管理。

Q：女儿画画或者做手工的时候，如果弄不好，就会非常生气，她会把东西狠狠地砸到地上，好半天都不开心。怎么办？

A：孩子容易发脾气是因为家里引发情绪的因素很多，基本上可以猜测这个家不太太平，导致孩子积压了很多情绪，一触即发。包括孩子在内的所有人，都只有在本身就堆积了很多情绪时，才容易被引发。十之八九，要么是家庭成员之间的关系不好，要么抚养人和孩子的关系有问题，常常管她、训她。

妈妈真正要看的是，家里的人对孩子说话的声音，是不是温和的，如果是温和的，孩子这样的可能性就不大。另一个是要看，成人之间是不是有很多的情绪，比如妈妈和老公、和老人之间的关系。如果成人之间常常为了孩子吵架，孩子的情绪也不可能好。因为，当孩子看到对他重要的人在争执，他会怎么办？他会非常混乱。至少，我们应该做到，即便有争执，也不要在孩子面前争执。或者我们直接告诉孩子，我跟爸爸（或奶奶）吵架是我们自己的问题，跟你没有一点关系。我们吵架时，总难免针对孩子发表不同意见，这时候孩子就会很容易以为，爸爸妈妈的争吵都是他造成的。跟孩子讲明白，就会好一点。

在孩子因为一点小事发脾气的那个时刻，妈妈的态度应当是：允许，接纳。

"妈妈知道你很生气，因为你自己做不好。等你生气过了,再来找妈妈谈,我可以教你怎么做!"其实同样这样一句话,妈妈可以表达接纳,也可以表达责备,这当中的分寸很难控制。妈妈要仔细体察自己向孩子传递的态度是"完全允许你表达负面情绪,也理解你的生气",还是表面很平静,但实际上透露出来的信息是冷暴力、责备、排斥。同样的表达,可能传递出截然相反的态度。妈妈可以通过观察自己说话的语气、声音、表情,感觉一下孩子接收到的信息是什么?

不管妈妈现在怎么做,对孩子更加温和肯定没有错。孩子每发一次脾气,妈妈都给孩子一份支持,会让孩子感觉到:"妈妈知道我生气了,她没有因此责怪我。等我气消了,她还愿意帮助我解决问题。"

Q:现在很多妈妈都在谈"接纳",但真正的接纳到底是什么?接纳就等于什么都不做吗?

A:接纳,或者无条件的接纳(不管是对自己,还是孩子),主要是指在几样特别不容易做到的事情上做到接纳——

1. 他做错事情的时候。每个人都有做对事情或做错事情的时候,当他做错事情时,我也接纳他这个人,不因为做错,而给他负面评价。

2. 他做的事情没有达到你的期待时。比如你希望自己温和又善良,但一时你做不到。没关系,接纳自己此时此刻真的还没有达到期待。

3. 他做事情失败的时候。不是错了，而是努力过，却还是失败了，也不对人给负面评价。

4. 他产生负面情绪时。比如对方生气，告诉他我看到你生气了。

如果妈妈可以对孩子做到上面这几点，孩子就知道自己是被无条件接纳的。妈妈对自己，也是一样。

接纳的对象，是什么？

比如，你的孩子说："我要去杀人，我要拿刀去欺负别人"，你接纳孩子吗？如果接纳，他真的拿刀去杀人，你也任由他吗？

接纳的对象不是行为，而是行为背后的原因，或者说情绪。

无条件接纳的基础是信任孩子，无条件接纳的通道是看到行为背后的原因或情绪。

如果你不信任你的孩子，听到他说"要杀人"，你的第一反应是，这么小的孩子就敢说杀人，长大了还得了？这个"长大了还得了"就成了你假想的一个结果，为了不让这个假想的结果变成现实，你就会做一些事情，比如说教，"你想杀人的想法是不对的"，比如打孩子一顿，让他知道错了。

而如果你信任孩子呢，你的第一反应是：这个孩子怎么了，发生什么事让他这样愤怒？这样，走向了解孩子情绪的通道后，你才会真正知道，孩子身上发生了什么事情？他真实的感受是什么？

再比如，一个孩子说："我不想上幼儿园，小朋友都欺负我。"

不信任的反应是："你怎么这么懦弱？长大也会被人看不起！""我应该做点什么，我一定要做点什么去帮助孩子！"或者"天呐，我的孩子总被人欺负，太可怜了！"总之，不相信这只是短暂的一个过程，也不相信孩子可以走出这个过程。

信任的反应是："妈妈在这里陪着你，妈妈抱抱你吧。""妈妈也很想陪着你，今天我们得去幼儿园，但是妈妈愿意听你说说发生了什么事情。"

接纳不表示：那今天就别去幼儿园了。接纳表示：妈妈愿意听听你的诉说。

接纳，表示什么都不做？

当孩子有一个"害羞"的特质，我们怎么想办法，他也改不了，于是我们试试看能不能接纳它。这时候，接纳表示什么都不做，任其自然吗？

害羞，是一种情绪，而情绪没有好坏之分，它只是一个信使，通过身体告诉我们一些事情。

也许是，那件事情让孩子有点难为情。也许是，孩子胆子小，或者感觉环境不够安全。也许是，孩子还没有准备好，不想尝试没有把握的事情……所谓接纳害羞，是我接纳孩子出现害羞的感觉，因为感觉是人类的一种直接反应，没有打招呼，就直接来访。而它的另一个特质是，它也会自然过去，因为它只是邮差,邮差送完信后,当然就会离开。

当我们接纳了害羞,并且接收到它带来的信息后,就进入行为的部分了。接纳,不等于什么都不能做,两者之间,是既不充分也不必要的关系。比如一个接纳孩子害羞的妈妈,可能之后帮孩子克服害羞。而一个事后什么都没有做的妈妈,有可能并没有接纳孩子。

行为上的决定,是另一个层面的事。比如,当我们从孩子的愤怒里接收到信息后,可以问问自己:"我能做什么?"或者,妈妈看到孩子的嫉妒,接纳它之后,也可以问问孩子:"如果你感觉到嫉妒,嫉妒告诉了你什么?你需要妈妈做什么?你想怎么做?"

3. 性格难题

个性活泼热情的孩子，常被期望能安静一些，而个性安静温和的孩子，又常被期望能外向一些。这样一种类似"围城"的效应，很大一部分来自于父母不懂得欣赏孩子天然的性格。

我们对自己不放心，觉得要为孩子做很多，才是好爸爸或者好妈妈，这变成一种"我很努力""我已经尽力"的证明。所以，很多父母总想做点什么，就是不能坐在孩子身边，一边看书、听音乐，一边放松地陪着他。其实，养孩子不用那么折腾，如果你觉得很辛苦、很累，总在把孩子朝着自己期望的方向折腾，养个孩子把自己搞得筋疲力尽，那么你大概是用错了方法，这样，你自己不愉快，孩子也很不愉快。

孩子不管是哪种个性，哪种先天气质，只要它没有发展到带来不良后果（伤害自己、伤害别人、破坏环境），就不需要我们过度干预。我们要学习的是接纳。接纳的意义在于，孩子只有在我们接纳的态度里才会感觉安全。他只有感觉安全，才能探索、学习、进步。

我们要问问自己，不接纳是为了什么？不就是想用我们的"不接纳"推动孩子的改变吗？可事实上结果都是，我们越不接纳孩子，孩子越朝着我们不希望的方向发展。比如，内向孩子不被接纳的结果就是变得更加退缩。

其实所谓的"不接纳"都是针对自己的。一个妈妈对自己的内向不接纳，不满意，觉得因此吃了亏，就会去指责孩子的内向。很多妈妈没有这样的觉察：我们去指责孩子个性中的某个特质时，它一定是我们不满意自己的地方。

Q：孩子性格偏内向。幼儿园老师问的问题他都会，但就是不爱举手回答，不爱站出来表现自己。我们要改变他吗？怎么帮孩子超越自我？

A：什么都不用做，只需要接纳孩子的个性。

很多父母会觉得，爱举手、爱表现就能获得更大的竞争力。但实际上，竞争力不是指通过自己的优异表现把别人比下去，而是在某个要求的范围内能完成任务。比如老师问的问题，孩子都会，这就说明他有足够的竞争力。

凡事都不喜欢主动引起别人注意的孩子，如果被逼着那样做，反而更难受。所以，只要他平时在公共场合有表达的能力就没有问题。

总担心孩子因为不够主动而丧失竞争力的父母，往往自己也比较退缩。对孩子这个问题过于忧虑其实反射出他们对自己生存状况的焦虑。

现在很多孩子被贴上胆小、退缩的标签，是因为成人世界的竞争性过强，造成我们太过焦虑，生怕孩子吃亏，怕孩子因为让步输掉自己的竞争力。也可以说，这是攀比的心态造成的。

所以，放松一点吧！别把自己的焦虑传染给孩子。

Q：女儿16个月。我觉得她一出家门就变得很胆小，别人抢她东西，她会一直退让，转去玩别的。前几天，有一个小朋友来我家玩，又抢女儿的东西，刚开始她也是一直不理，后来她喝水，那个孩子又要来抢，女儿一下就哭了，然后喊："妈妈，妈妈。"她这样是不是因为太胆小了？平常应该怎样引导她？

A：不同的孩子有不同的个性。有的孩子很乐于攻击，跟别人抢东西，有的孩子就非常不喜欢这样。不喜欢跟别人争抢东西，不叫胆小。一个人的胆量，要在适当的时候拿来用才是好的。

孩子在慢慢长大的过程中需要学会分辨，哪些事情对我重要，哪些不重要，不是每一件事情都值得去较劲，有些时候争抢是没有意义，也是不必要的。

所以，像你女儿这样平时表现得就像没有受到伤害，我们便不用理会。但如果她有比较激烈的情绪反应，比如已经哭了，我们就可以教导她。比如事后引导她："如果你不高兴，那你可以做什么呢？"你可以教她一些方法。但是，如果孩子不愿意用我们教的方法，我们也应该尊重孩子，不要勉强她。因为我们教的方法是我们这种个性的人会用的方法，而孩子可能是另一种人。

但最起码的，她可以把自己的感觉表达出来，她可以说不喜欢，可以哭。不然的话，别的小朋友没有办法知道她的"不喜欢"。

如果孩子一直退让，她会发现当自己的退让没有底线、没有度时，别人会来欺负她，但父母必须让孩子从这个真实的过程中学习成长。所以，我认为父母不应该提前为孩子做过多的准备，因为怕孩子被欺负，而提前叮嘱和教导孩子。只有真的被伤害、被欺负了，孩子才能学习到。

你可以回想我们自己的成长，是不是都是在最真实的体验中去学习拿捏那个度的？比如我们可以对别人退让到哪里？面对什么样的人可以让，什么样的人不可以让？这需要大量的社会经验给我们提供学习的机会，不是妈妈教一教，用嘴巴讲讲，孩子就能懂的。反倒是如果你干涉太多，常为他做决定，他就总爱来问你"这个可以吗""那个行不行"。过度保护，只会让孩子学不会自己做决定。

有时候，孩子对自己的退让感到无所谓，比较介意的是妈妈。面对这样的事情，妈妈一定会觉得心疼，但在孩子成长的过程中，妈妈也一定要学习接受这种心疼。

Q：我发现，容易刺激我冲女儿发火的状况，都是因为女儿在性格上表现出跟我很像的一面。比如，我是一个很倔强的人，并且因为这种倔强曾经让我吃过很多亏，所以我不希望女儿重蹈我的覆辙。一旦女儿表现出同样的倔强时，我就会非常恼怒。我真的不知道应该如何面对一个倔强的孩子！

A：其实，你的孩子可能根本就不算倔强的孩子。

一般来说，任何孩子都会在面对某些事情时，表现出倔强的一面，即使再温和的孩子都会有倔强的时候。所以，你有可能是在孩子身上做了过多的投射，因为小孩子通常都是很正常的，不会出现"过于怎样"的情况。

投射，是一个心理学上的常用概念。它的意思是，当我对于自己本身的一些经历有负面感受时，我通常不敢直面自己的这个特质，而会把我的特征转移到其他人身上。一旦看到其他人有同样的特质或感受时，我就会很敏感地发现它，然后开始指责别人，因为我不敢指责自己。指责自己很痛苦，指责别人却可以理直气壮。所以，一个人越是不喜欢自己，他投射出去的东西就越多。同样，一个越不喜欢自己的父母，他骂孩子也越多，因为他全都投射到了孩子的身上。

所以，正是因为倔强曾经给你带来过痛苦，你把倔强投射到孩子身上，让你觉得孩子过度倔强。

再比如，如果你是小时候常常被欺负的那种小孩，一旦你有了自己的孩子，然后看到他被欺负，你就会完全没办法接受。其实，在孩子们的社交活动中，一个孩子被人欺负是很正常的，有时候他被欺负，有时候他又欺负别人，但你痛苦的童年经历会让你把孩子正常社交中的情况放大成一个很严重的问题。

所以，说回来倔强，你的孩子有可能只是正常的倔强。如果你认为"因为我曾经的倔强让我受过很多苦，所以我不希望孩子重蹈覆辙"，那么，其实你没有看明白，你并不是在对孩子做有帮助的引导，你不过是对孩子做了过度的投射，你的过度投射让孩子的"倔强"变得扎眼！

因此，这个问题不在孩子身上，而在做妈妈的你，要解决自己的问题。你要去面对自己的倔强，看一看倔强从前给你带来的影响，是不是只有负面呢？因为它曾经给过你惨痛的经历，那从这个经历里，你是否学习到什么？另外，这个倔强是否也有好的一面呢？

倔强，是生命力的一种表现，是敢于坚持自己的一种信心，所以通常生命力越强的人越倔强，也越自信。所以，你不需要把倔强的特质去掉，只需要加上智慧，知道自己什么时候要有弹性，什么时候必须坚持。因为你很倔强，所以当别人意见和你不一样时，你不会轻易认为自己是错的，这很好。同样，因为你知道自己是倔强的，在下一个判断、做一个决定时，你应该提醒自己要从更多角度看事情，认定一件事情之前要有更多考虑，这样才能减少因为倔强带来的错误。

另外，你必须看到倔强带来的好处，而不是只有坏处。任何一种天生的性格特质都是如此，一定会有好的一面，不可能只有坏的一面。

只有这样，当你面对的确实是一个倔强的孩子时，你才能客观地分辨其中好的一面和不好的一面，然后你才能够告诉他："倔强是好的，但有时候倔强可能会让别人不喜欢你，让你痛苦。"你也要告诉孩子，他现在还小，如果碰到没办法决定该怎么做的事情，他也可以问问别人。

在自己这方面，那些因为倔强受过的苦，一定要勇敢去面对，不能因为苦过，就完全抹杀这个特质。抹杀的结果，只能是孩子一表现出倔强，你就指责、恼怒，这样孩子会认为倔强是不好的，那么他也无法学会怎样去驾驭这种个性，利用这种个性好的一面。

Q：女儿快 7 个月了，从 4 个月认生起就特黏我，如果发现生人要抱她，或是在陌生的地方，她都特害怕，老哭。我会经常带她到人多的地方或和小朋友们一起玩，请问我还应该如何来改善这个问题？

A：孩子这么小的时候，愿意和谁玩就和谁玩，愿意跟多少人玩就跟多少人玩，重要的是看孩子在家是否能和熟悉的人一起玩，如果孩子在家里都放不开，躲在角落里，不跟别人接触，那就有问题了。如果不是这样，只是不愿意在陌生的地方和不熟悉的人玩，那就没有问题。

如果孩子没有问题，妈妈就要学会接受孩子的性格。孩子可以分成两大类：外向和内向。外向的孩子胆大一些，内向的孩子通常比较谨慎、小心。如果孩子表现出害怕，就说明他需要更多安全感。到一个陌生地方，肯定需要妈妈或者其他熟悉的人陪着，不能因为他怕，就更加强迫他与陌生人相处。

比较，是父母亲要非常警惕的一个特质。看到别人家外向的孩子就希望自己孩子也很爱说话，很爱表现。其实外向孩子也有弱项，如果你让他待在一个房间好好工作，他恐怕会发疯，并不是每个孩子将来都要去做市场或者销售，每个人都会跟随自己的天生气质找到自己的位置。

内向的孩子安静一点，不那么冲动、危险，想得多一点，这是他的长处，我们不能既希望他保留沉稳这个长处，同时又变得外向、爱交际。如果这样的话，我们的要求就太多了。

Q：儿子都3岁多了，搭个积木都没有一点耐心，一次两次搭不好，就推翻，并要求我替他搭。这时候我该怎么办？

A：我们的基本态度是：当孩子学习任何东西时，他提出要帮忙，我们才帮忙，不管我们自己认为那件事是容易还是难，因为我们的"认为"和孩子的"认为"是不同的。我们帮忙的方式是，给孩子做示范，告诉他这样这样，然后停下来，让孩子自己尝试。或者，一个游戏中确实有很难过去的关卡，我们帮他过关。

也就是说，我们通常是旁观者的角色，不随意出手、发表评论或是指导他。当孩子累得满头大汗，但没有邀请帮忙时，我们就随他。当孩子哭了，我们说"妈妈看到你很伤心"，但他擦干眼泪还是继续自己做时，我们也要随他。当孩子真的提出需要帮助时，我们要介入，做示范或指导。

这样孩子会因为学到了新东西而充满兴趣。他会看到，原本没办法的事情，其实是有办法解决的。但如果这个过程中，爸爸妈妈总是帮忙，孩子就不会有那么大的耐心和韧性，试了又试，他会很容易放弃。

Q：孩子在家里非常活泼，爱打爱闹，但一出门就显得非常胆小害羞，什么都不敢做，也不肯离开大人。怎么才能让他在外面也变得外向活泼点？

A：事实上，大部分孩子都是这样，他们的这种表现也没有问题。父母总希望自己的孩子出去能人见人爱，这是一种虚荣。

小孩子是靠直觉来判断外部环境的,也就是说当他感觉不够安全时,自然会退到父母身边。这是人的本能和天性在保护他,因为到了陌生、感觉不够安全的环境里,第一件事情就应该是观察、保持安静。等慢慢对环境熟悉了,他才会渐渐放开。这是对的。反倒是一些成人,总是在对周围环境、对在场的人一无所知的情况下,就去表现自己,这才不对。

如果孩子在家表现得活泼就说明他有这个能力,至于外出后,父母还是应该给他熟悉陌生环境的时间。

Q: 我家宝宝才 15 个月,就特别有主意、特别执拗。多一口饭都不吃,要挟哄骗都不行。尿尿也是,给她把尿,她马上跑开,要么就是使劲儿反抗,等你屈服了,给她穿上裤子,她立刻就尿一身。其他事情也是一没依着她就哭。孩子个性这么强正常吗?

A: 这么小的孩子没有所谓的"不正常"。只能说,她显示出了自己天生的气质:特别反感被别人控制。一旦被人管得太多,就会用自己觉得管用的方式来对抗。那么,这么小的孩子能怎么对抗呢?无非是通过吃饭、喝奶、大小便这些方式罢了。

除了天生倔强,还可能跟另外两个因素相关:

1. 年龄。马上进入 1 岁半这个阶段的孩子,自我意志会尤其强烈。

2. 也许妈妈过度焦虑，或是声音里命令的语气太强，让孩子明显感觉在被人控制。所以，我们可以试着改变一下声音，态度也温和一些。

当然，这分两类事情，一类事情是我们希望孩子做，孩子不做的，比如吃饭、尿尿这些事情，不需要强迫孩子。有时候，成人很贪心，总是逼孩子"再吃一口吧！""赶快去尿吧！"把孩子逼到忍无可忍，孩子只能反抗。而从这个过程中，他也学习到，他必须很坚持、很倔强，才能让自己生活得比较好，否则会被大人一直逼到墙角。

另一类事情是孩子希望我们做，我们不愿做的。孩子用故意捣蛋、刁蛮的方法达成自己的目的，这时候我们要温和但非常坚定地告诉他不行，让他看到我们的界限。哪怕面对天性特别倔强的孩子，我们也不需要特别刻意地迁就。

Q：宝宝今年3岁3个月，不管在幼儿园或是家里总要争夺第一名。总是要老师喜欢她，如果老师喜欢或夸奖别的小朋友，她就很不开心。和小朋友们一起玩的时候，也总喜欢让小朋友们都听她的指挥，如果不行就不高兴甚至大哭。面对这样要强的孩子，有什么好的开导方法吗？

A：你的孩子先天气质可能是"激进型"，也就是生命力比较强，比较有领导力的类型。这样的孩子在任何场合都习惯控制别人，让别人听她的。

问题在于，她需要在最真实的生活中一点一点学习到：不是她想控制别人，别人就能听她的；通过任性的哭闹、武力、攻击让别人听从，结果只能适得其反。

所以，家里有这样的小孩，我们首先要知道，"她比较有领导力，比较有控制欲，她对权力的渴望比较高，她不容易服输"，然后要知道，她肯定会面对挫折，比如她希望别人听她的，但别人不愿意。这时候我们可以教导孩子："当别人不听你的时候，你可以做什么？刁蛮、强迫肯定没有用。只有想办法跟大家搞好关系，推动别人来跟随你，你才能让别人听你的。"

有领导力的孩子，培养好了，她的力量会朝着好的方向发展。如果没有引导好，她的控制欲望越大，越容易讨人厌。

Q：我家男宝18个月，玩玩具、听故事都没有定性，总是玩一会或者听一会就会跑开，玩玩具玩一会还会突然发脾气把玩具扔掉。请问我应该怎么引导他？

A：其实不用引导，也不用特别做什么，只是看着孩子不至于发生危险，其他的让他自己探索就好。

这么大的孩子根本谈不上"有没有耐心"，所谓的"耐心培养"对1岁半的孩子来说也太早了。他们多半是跟着自己的兴趣决定"玩什么""玩多久"。而且1岁半的孩子刚刚学

现在很多孩子被贴上胆小、退缩的标签，是因为成人世界的竞争性过强，造成我们太过焦虑，生怕孩子吃亏，怕孩子因为让步输掉自己的竞争力。也可以说，这是攀比的心态造成的。所以，放松一点吧！别把自己的焦虑传染给孩子。

会走路，看到很多他以前没有看到的高度，即使同一个椅子也和以前看到的不一样，太多东西对他来说是新鲜的，一般都是手里拿着这个，眼里看着那个，东摸摸西摸摸，这都非常自然，也不需要他在一个东西上很专注。

当然，也有孩子玩一个东西会比较久，但大部分这个年龄的孩子都不会太有定性，尤其是天生比较好动的孩子，玩一个东西不可能有耐心，妈妈不用急着矫正，让孩子按照自己的感觉和节奏去探索就好。

关于专注力的培养，任何年龄都不需要刻意去做，只要孩子的心理营养足够，专注力自然会好。不过，孩子专注的对象一定是自己喜欢、有兴趣的事情，能够这样就足够了，不可能每件事情上都花费专注力。如果到了一定的年龄，孩子依然是毛毛躁躁、注意力无法集中，那并不是没有培养的原因，而是负面情绪过多，影响了孩子天然的专注。

Q：3岁的儿子总是显得过于有"个性"。让他打招呼不打，让他分享玩具他不分享，而且他从来不怕当着别人的面给人难堪。这是因为他天性中的自我过于强大吗？

A：这里有两个方面的问题。当孩子让别人难堪时，我们一定要教导："刚才你这样，妈妈听了觉得不恰当。"或者引导他看别人的脸色："你有没有看到，别人听了你的话，感觉很不舒服。如果你想让别人喜欢你，你最好……"告诉孩子想说什么就说什么,是不行的,他说话不能只照顾自己,不照顾别人。当我们教导的态度不是责备是关心时,孩子比较容易接受。

至于打招呼、分享之类的事情,问题不在孩子。我们可以教孩子如何跟别人打招呼,但如果孩子不愿意,我们不要逼他。

孩子常常出现这类有"个性"的行为,我认为不一定是孩子天生个性强,而可能是被逼出来的,是跟家人互动的结果。

当孩子有很多情绪、感觉不舒服时,情绪的能量自然就会往外冲,他就会很自然、很直接地用这些方式来处理自己的情绪,他也因此不能照顾到别人的感受,看上去就是很自我中心。内心没有太多情绪的孩子很懂得观察别人,也愿意照顾别人的感受。

另外一个可能性是,孩子通过平时家人的行为得到了一个结论:他是全家人的中心,别人都得顺着他的意思生活。这样的孩子会认为,自己不需要去察言观色,他只用管他自己。

Q:我的孩子4岁多,他总是不够自信,经常问我:"这样行吗?我做得好吗?"或者直接打退堂鼓,说他不行、不敢。对于没有信心的事情一律拒绝,不管我们如何鼓励都没有用。这是为什么?我们应该如何引导孩子变得更自信?

A：孩子在 3 岁时会结束一个自我成长的阶段，在那之后他开始尝试着脱离妈妈，并在四五岁时进入另一个自我成长期。处于第二个自我成长期的孩子，在形成新的自我时最需要的营养是肯定、赞美和认同，因为他在探索可以做什么，不可以做什么，怎样做才能成为一个可爱的孩子、有价值的孩子。

如果一个孩子整天问父母自己好不好，那一定是因为父母很少给他正面的肯定。所以，父母最好的做法就是，多关注孩子，发现他值得肯定的好行为后，主动告诉他，赞美他。当他做得不好的时候，告诉他正确的做法是什么，避免指责。否则，孩子没有得到足够的肯定，就会缺失安全感，甚至没有勇气去探索新事物，发展新能力。

4. 行为偏差

当孩子打人、无理取闹，甚至做出伤害自己或别人的事情时，父母除了在必要的时候进行行为干预和制止外，更重要的是看看孩子有没有情绪问题。如果孩子没有情绪问题，我们告诉他"这样不对，不可以这样做"时，他就不会继续做。但，如果是有情绪问题的孩子，这样对他说则不会有效果，因为他需要很多肢体动作，比如丢东西、打人来发泄情绪。

小孩子处在一种非常自然的状态里，会自然想得到父母的疼爱，他明知打人、扔东西会惹父母生气，为什么会屡教不改？特别是他都知道这样做的后果是挨打，为什么还一而再再而三地"忍不住"呢？孩子有情绪问题的原因恐怕要居多。

这时候，父母首先要去检查一下孩子的情绪来源，也就是三个关系的质量：爸爸和妈妈的关系，孩子和妈妈的关系，以及孩子和爸爸的关系。

爸爸妈妈的夫妻关系有问题，或者父母对待孩子的方式太急躁、太高压、太控制,最容易让孩子累积情绪。当孩子内在情绪太满、无法处理时,就会控制不住自己的行为,或者用偏差行为来吸引父母的关注(哪怕是负面关注)。

所以,偏差行为解决的关键不在于通过什么样的管教、惩罚的办法让孩子听话,让行为回到正常轨道上,而是找到孩子行为背后的原因。

Q:我的女儿好像天生就很叛逆,别人让她做的事,她从来不照做,还总是唱反调。她这样看似很有个性的状态有问题吗?我们需要做什么?

A:这个孩子一定希望得到别人更多的注意力,这是她某方面情感需要缺失得到的补偿。否则,在一些可以这样也可以那样的事情上,她不会那么坚持唱反调。

父母需要做的是,在她做了不好的事情时,忽略她,当她"不小心"有了好行为的时候,告诉她好在哪里。这样做的好处是,如果这个孩子真的想得到更多注意力,那么她会渐渐发现自己有了坏行为的时候,没人理,有好行为的时候,爸爸妈妈才比较喜欢自己。相反,如果她每次撒娇耍赖的时候,都有人来问她:"你怎么能这样呢?"她就会觉得这是让自己变得比较重要的方式。

否则,这个孩子长大后会一直通过自己古怪的行为方式来吸引别人的注意力。

Q：女儿 20 个月，最近我和老公都觉得她越来越难带。吃饭的时候，给她吃蛋羹，她说："我不吃这个，我要玩杯杯。"穿衣服的时候，需要给她拿来两三套让她选择。要吃冰箱里的东西，不给就发脾气然后打滚……没完没了地说"不要""不行"。这样，我们真的觉得好辛苦，不知道该怎么应对她那么多的主见！

A：人类第一个独立性的唤醒期就是在 1 岁半到 2 岁半。本来不会走路，现在会走了，而且走得比较稳了，也走得比较远了，整个活动范围都变大了，再加上表达能力的增加，这都会增加孩子的自主性。这时候，孩子的自主性高过一切。

孩子第一次想知道自己能不能干点什么，但又不知道界限在哪儿，所以要慢慢试、慢慢练。比如乱穿衣服、鞋子、袜子，让他不要那样穿，他非要，穿完以后还希望妈妈肯定他。如果因为没穿好摔倒，又怪妈妈没有保护好。他觉得妈妈应该 24 小时保护他，但又不愿意妈妈干涉太多。当因为妈妈保护不力而受伤时，有的孩子会讲"坏妈妈""打你"，表示不满，有的孩子嘴上不说，但心里生气，然后找机会发脾气。

他什么都想试，同时又想了解做事情的界限在哪里。他希望自己尝试、探险时，妈妈在身边，但又不过分干涉。他的小心思是：很想放胆去做，但又要妈妈在身旁，来保证他们不会受伤害。当妈妈没有阻止时，他就把自己的探索默认为可行的、安全的。所以，妈妈要帮孩子把握这个度，不危险时放手让孩子尽量试验，危险时及时把他们拉回来。否则，如果孩子在探索中受挫，他就会认为妈妈不好，没有保护他。

因此，这个年龄的孩子对妈妈的要求比其他时候更高，孩子在全面试探他周围的规则和界限在哪里，同时又在测试自己的独立性有多少，力量感在哪里。这时候的妈妈确实比以往更辛苦，但这并不代表什么都要听孩子的。和孩子相处的原则仍然是，能满足的就开开心心满足（比如给他挑衣服），不该满足的也温和坚决地拒绝（比如不可以吃冰箱里的东西）。

这时候，温和而坚持的原则需要发挥到淋漓尽致的程度。随时陪伴，但又不要控制他。阻止他做危险的事情，但又不能总是管制他。保证他不受伤，但又要允许他适当地冒险、尝试。这对妈妈的要求确实非常高。

这时候的妈妈的确更容易焦虑、纠结，因此，妈妈需要：首先，掌握知识，了解孩子这个特殊阶段的表现和应对方式。然后，每个星期给自己两三个小时去玩乐。不用照顾孩子，只做自己喜欢的、可以让自己放松的事情。

Q：为什么3岁的儿子总喜欢对我们说狠话，尤其是在生气的时候，比如"坏妈妈""打死你"，感觉他不像在开玩笑。我们应该怎么应对？

A：这是孩子成为独立个体过程中的一种正常的现象。对他来说，能满足他需求的就是好的，不能满足的就是坏的，而且这样的"好"与"坏"之间也不存在中间状态。也就是说，在他眼里，除了好的，就是坏的。这样简单而直接的判断其实是孩子成长所需要的，他需要随时立刻做出决定：好的，马上吸收；坏的，立刻拒绝。

所以，下次再听到"狠话"时，爸爸妈妈不要太在意，你可以：

1.对孩子说："听到你说这样的话，我很难过。你生气了可以告诉我为什么？你在想什么？"因为，3岁以上的孩子已经有能力表达自己的意思和情绪。当他可以表达情绪时，一定不会乱说狠话。你也可以从现在开始，一点点训练他，生气的时候说生气，难过的时候说难过。

2.继续保持好的亲子关系。在孩子主动提出需要你陪伴后，和他一起玩耍、探索。另外，尽量不让他遇到危险，这么大的孩子受伤后，很容易责怪父母。

Q：我2岁的孩子总喜欢在街上大喊大叫，这会引起别人的侧目，让我感觉很不舒服。我越是劝他不要这样，给他讲道理，情况就越糟糕，他好像以此为乐。我担心他是因为觉得自己被忽视了才这样做的。下次他再大叫时我应该怎么办？

A：孩子为什么会这样做？可能性有很多种。孩子感觉被忽视，想通过这种办法让妈妈更关注自己就是可能性之一。如果是这样的话，下次孩子再大喊大叫时，妈妈可以尝试一下"忽视法"，也就是当作没有这回事。妈妈不能有太多反应，劝他或者禁止他这样做只会让他更来劲。

就让孩子喊喊吧！好在他还小，只要不是在特别影响别人的场合就行。孩子发现依靠这个方法并不能得到妈妈更多的注意力，过一段时间以后可能就不会有这个问题了。当然，妈妈更要紧的功课是，平时让孩子多感觉到妈妈给他的关注。

如果这个方法不奏效，就说明孩子不是希望吸引妈妈的注意力，那么妈妈就需要仔细倾听，孩子具体在什么情况下发出这种声音？喊叫声里表达的情绪是什么？害怕？惊讶？因为2岁的孩子还太小，不能用语言表达情绪。

Q：3岁的女儿吃饭时总爱剩一点。我想出一个办法应对：跟她事先讲好，如果在爸爸妈妈没有提醒的情况下不剩饭，可以得到一个小奖励，比如晚上多讲一本图画书。如果提醒之后才没有剩，不奖也不罚。如果提醒之后还剩饭，就给个小惩罚，比如晚上少讲几本图画书。这样做可以吗？

A：这叫"行为改变法"，可以用。

每个家庭都有特别注重、特别希望孩子可以学着做到的事情。所以，如果你特别在乎孩子剩饭这件事，可以这样激励孩子。

不过如果是我来用这个方法,我会直接把惩罚的部分去掉,也就是"只赏不罚"。因为我希望孩子在吃饭的时候是快乐的,而不是伴随着一点紧张或焦虑的心理。

另外,这件事情我觉得还不足以重要到需要用"行为改变法"。我会告诉孩子:"如果你吃完饭,饭碗里是干干净净的,爸爸妈妈会觉得特别高兴,因为你会珍惜粮食,珍惜别人的劳动成果。"仅此而已。因为行为改变法只能用到你认为最重要的事情上,使用频率太高的话,很容易失效。

Q:我的儿子4岁。两周前突然冒出个脏话!刚开始时,我都忽略不管,可后来说得太频繁,我便告诉他:"这个词不好,如果在幼儿园说,老师会批评的。"他说他知道老师会批评,所以在幼儿园不说。可在家里,他仍然不停地说。怎么办?

A:开始的确可以用忽略的方法,如果还是不行,就明确告诉孩子:"我知道你接触到了一些新的词汇,很想学,但是有一些词,别人听了会感觉不舒服,比如你讲的那个,妈妈就不喜欢听。所以,不要讲好吗?"

如果孩子和妈妈关系好的话,他一定会听从你的。如果他还是停不下来,你可以问问孩子:"当妈妈不小心说了一些批评你或者取笑你的话时,你对妈妈说不喜欢,妈妈就不说了。那为什么妈妈说不喜欢听到那个词,你还要继续呢?"这样说了以后，孩子就没有理由不停止，除非他和妈妈的关系不够好，故意去对抗，而只有当妈妈常常试图控制孩子时，才会引发孩子用这样的行为做权力对抗。

Q：宝宝快2岁了，在家的时候脾气非常倔，他要什么就必须给他，不然就大哭大闹，劝也不听，打也不行。我都不知道该怎么办了。但是很奇怪，出门他就不会这样，很听话，告诉他不要他就不要。究竟怎样才能改变这种状况？

A：孩子是要看看自己在妈妈心目中的位置，他有没有得到妈妈的关注、接纳和重视。

就好像妻子对丈夫会有特别多的要求，有些事情别人没做我们会无所谓，但是丈夫没做我们就会很在意，因为我们内在有个声音想问问：我在你心目中到底有多重要？如果你愿意迁就我，愿意照我所说的去做，那就表示我拥有你，我对你很重要，你对我很好……

所以，妈妈平时要做的功课是：多给孩子关注和重视。当孩子提出要求时，你问问自己，这件事要不要紧，如果是无所谓的事情就说"可以"，但真的遇到"不可以"的事情就说："妈妈很爱你，但这个不行。"这样，即使孩子哭闹你也不用内疚，抱抱他，安慰一下就好。

否则，如果是用赌气的方式，他要的你偏不给，慢慢就会变成权力的斗争。妈妈说："你要我就不给。"孩子说："你不给我偏要。"其实那个东西他根本不想要,他想要证明的是:妈妈听我的,妈妈很重视我。

另外,2岁的孩子确实比较叛逆,当然他也需要学习:有些东西,如果我需要的话可以去问人家要,但我要尊重人家,要允许人家拒绝我。

Q:我的儿子19个月大。每次在院子里看到同龄小朋友或者稍大的孩子,他就会过去打别人,但看到大人倒是会有礼貌地叫叔叔阿姨。即使我让他在家练习和小朋友打招呼,他一出门又是老样子。我该怎么办?

A:你的孩子并不是不懂得如何与人交往,否则他和所有人"打招呼"的方式都会是一样的。但事实上,他只打那些比较弱,让他感觉没有威胁的人。

他这样做的原因可能有两个:

1.有的孩子确实比另外一些孩子更有攻击性,特别是很小的孩子,就像孩子的性格天生有外向和内向之分一样。比如有的孩子表达亲密、兴奋的方法,就是去咬人家。他没有恶意,咬对他来说就是比较直接的表达方式。你的孩子可能天生性格强悍,偶尔发现打人能让他体验到控制感后,便喜欢上了打人。如果是这样,妈妈需要一次又一次地阻止他,比如抓住他的手,直到他停下来。

2.他有发泄不了的情绪,所以忍不住用这样的方式去表达。这时候，妈妈需要帮助他处理情绪，否则当他觉得有人欺负他时，他就会欺负更弱小的对象，这样他才能找到平衡。

在这两个原因当中，第二种的作用可能更大。不可否认，性格是原因之一，不同性格的孩子在被欺负时会有不同反应，有的孩子会去欺负更弱的人，有的孩子会跑开，有的孩子反而会讨好对方……但即使是天生强悍、很喜欢控制别人的孩子，当他没有情绪问题时，他也可能会通过别的方式来表达，而不是通过暴力。他会使用暴力是因为曾经有人向他示范过这种方式。

Q：儿子从3岁多开始一直有个小动作：一出神就用嘴唇碰触手臂上的汗毛。我担心他做这个动作会给别人留下不好的印象，而且听课也会受些影响。我尝试过曾经看到的所有办法，分散注意力、威逼利诱、忽略……可都两年多了，怎么什么方法都不管用呢？

A：妈妈需要做的第一件事情就是继续忽略孩子的这个动作，不要想办法让他改正，甚至不要任何提醒，否则只会起到强化这种行为的效果。至于别人的目光，妈妈不必理会。

接下来最重要的事情是加强孩子的安全感。碰触毛毛是典型的缺乏安全感，孩子给自己安抚的方法。不过，这种行为通常发生在3岁以内的孩子身上，当他们需要获得安全感时就会靠近那些带毛毛的、温暖的东西，比如毛绒玩具、毛巾、被单、枕头……

6岁的小男孩还保持着这个习惯，一方面是他在3岁前因为某种原因没有机会接触带毛毛的东西，所以他后来找到了自己身体带毛毛的部分，把它当作安抚物。另一方面，这个孩子比较缺乏安全感，妈妈需要多抱抱孩子，对他说话的时候要温柔一些。

Q：孩子在商场看到喜欢的东西就要买，如果不同意就开始哭闹。我们究竟应该坚持不买，还是随了他呢？

A：如果父母认为，那样东西不应该买就不买，不能因为孩子哭闹而妥协。否则，他会从中学到：哭闹能让我得到想要的东西。这与东西贵不贵没关系，重要的是它会在无形中教给孩子不健康的沟通方式。

所以，在孩子哭闹着要一个不该要的东西时，你可以对他说："你现在这样哭闹，我没有办法照顾你，所以我会走远一点，但你能看见我在哪里。等你安静下来了，我再过来抱你。"如果你回到他身边后，他又哭，你可以对他再说一次。走得远远的还有一个好处：你不容易因为顾及面子而妥协。

Q：儿子1岁半，他有时会从沙发上往下跳。怎么说他都不听，是不是只有惩罚才会管用？总不能让他摔下来头破血流才长教训吧？

A：惩罚没有用，只能事先尽量阻止这样的事发生。一旦孩子尝试做危险动作，你要立刻看着他的眼睛，用非常严肃的语气对他说："不可以这样做。"

其实小孩子也有自我保护的本能，自己会去衡量有没有危险。但问题是，如果孩子平常没有玩够，内在积压的能量和情绪过多，他就会特别爱动，并且不懂得照顾自己，或者说顾不上照顾自己，只想把情绪发泄出来。这时候，你叫他不要做某个动作，他仍然会去试试。尤其是现在的孩子在外面玩的时间很少，所以总在自己家的桌子、沙发上跳来跳去。

因此，玩得够很重要，面对孩子这样的行为，不能只是阻止，还要疏导，让他有足够的释放能量的机会。

Q：2岁的女儿去朋友家玩，碰到一个比她小半岁的小女孩，她总是把人家摔倒在地上。我跟她说，你这样不对，但她还是继续。怎样才能让她知道自己错了？

A：这么小的孩子，你跟她讲道理她不明白，用Time out（限时隔离）也不会管用，因为她没办法把自己犯的错误和惩罚看成因果联系。所以，你只能事先尽量看好她，万一还是发生这样的事情，就只能惩罚了，因为她已经伤害了别人，而这是底线。你可以抱走孩子，对她说："以后我们不能跟她玩了，因为你会弄伤她。"

可能有的妈妈觉得孩子不是故意伤害别人，但是我们不能因为孩子不懂、不是故意,就纵容他伤害别人。做妈妈的可以接受"孩子太小,不是故意的",但这也不妨碍孩子受到一点惩罚,比如最近一段时间都不能和好朋友一起玩。

如果你因为孩子不是故意的而没有任何作为,只是抱走孩子,这么做对被摔倒的那个孩子来说公平吗?因为对方小,没有反击能力,所以孩子就用非常不尊重别人的方式对待别人,这样的行为一定要被教导,否则她将来在和别人相处时会非常危险,直到付出沉重代价,与其如此,不如现在付出一点代价阻止她。

Q:女儿2岁。别人一碰她的东西她就推开别人,我要是帮她把东西给别人,她就大哭不止。平时家里人也没少跟她说,要大方,玩具要和人家一起玩。我看别的同龄孩子都没有这么过分,为什么只有她这样呢?

A:刚好2岁这个年龄,孩子开始有自主权、所有权这样的概念。对孩子来说,这是一个重要概念。此时,他需要确定"这个东西属于我",在非常肯定这件事情的基础上,他才能分享。如果没有这个肯定,他会担心别人拿走他的东西,因此他就不愿意分享。

妈妈只能告诉孩子:"这是你的,但你可以分享。"这里重要的是,先告诉孩子,这个东西属于他。如果他不是很相信妈妈的话,那么就只能从自己的行动中得到肯定。这个行动指的是:"我的东西,应该可以不分享。"这时候,妈妈只能允许他,不逼他,告诉他:"当你觉得可以时,再分享。"

这么小的孩子不分享,和人品没有关系。有的孩子甚至到三四岁,还是非常强烈地拒绝分享,但妈妈要相信,随着孩子慢慢长大,慢慢有自信,他一定会有愿意分享的一天。一般来说,越有安全感的孩子,越容易分享。另外,可能还有一部分原因和天性中占有欲比较强,需要得到的肯定比较多有关系,但这些都没问题,只要妈妈给孩子时间,一切都会过去。

相反,妈妈越是勉强,孩子越不愿意分享。这一次他拒绝把手里的玩具给别人,下一次他就会故意把玩具藏起来,他的心思都用在"怎么保护自己的东西"上。

另外,妈妈也不要为了自己的面子,对别人说"孩子小气"之类的话。如果你认为给别人一个解释比较有礼貌,那么简单说"他还没有准备好"就行了。

Q:儿子3岁。幼儿园老师曾经统计过,他一天最少出现20次攻击行为。他总是打比他小的小朋友,而且出手很重,家长上去拦着他就打家长,有时实在打不到就打自己或摔东西。另外,他的口头禅是:"你神经病啊!""烦不烦啊你,你真烦人!"儿子的攻击性为什么这么强?这样的孩子该怎么管教?

A：很明显这个孩子已经有了太多的情绪，而且他的语言暴力（口头禅）肯定和成长环境有很大关系。

一个孩子即使力气再大，能量再多，也不会无故说"神经病""烦不烦"这样的话，一定是因为他常常在家庭中听到这样的暴力语言。而这些语言本身，同时也会给孩子累积很多负面情绪。孩子听到这些话的时候，是不舒服的，可最后他也学会了用这样的方式释放情绪。

负面情绪的累积，不一定是被打或者被骂，听到语言暴力也会有这个结果，甚至不是直接骂小孩的话，都会让他吸收很多负面情绪的能量。就算孩子听不懂大人讲的是什么，但他可以辨别出言语中的敌意、争执。他会害怕。

另外，通常孩子只会向比自己弱小的、没有安全感的人动手，但这个孩子居然连别人的家长都不怕，这是违反本性的，也说明他内在的情绪实在太多，完全控制不了自己的行为。

所以，父母只能在家庭环境中尝试改变，如果家人之间没有那么多争执，孩子不会是这样冲动地找别人发泄。争执实在无法减少的话，最起码也不要让孩子听到。

Q：2岁半的女儿，有时突然用手拍长辈的头。比如外公给她喂饭让她不高兴了，她就拍外公的头。我给她脱衣服，她不愿意了，就拍我的头，拍得我眼冒金星。虽然出于本能会生气，可我又觉得她毕竟不是故意的，只是情绪太激动了不知道该怎么办。有没有温和一点的方法纠正这种行为？

A：孩子太小，只能用"隔离法"。给孩子规定一个角落，告诉她："你做错事情了，要一个人在这儿待一会儿，等一下我再过来。"时间根据孩子的年龄而定，2岁2分钟，3岁3分钟。这段时间，你不可以看她，也不能和她讲话，如果她跑出来，你再把她放回去。孩子对隔离非常敏感，通常只要做一次就会有效，但这一次一定要做成功，不能半途放弃。到2分钟后，就回来抱她，这时候不要再教训或者讲道理，自然地做其他事情就好。

对这么大的孩子，光说教是没用的，而隔离的办法对2～12岁的孩子都非常有效。当孩子做了伤害自己、伤害别人的行为，而且行为本身又比较严重的话，是可以用这个方法的。这是一种比较温和的管教法，目的就是让她有警戒心，以后不再犯。

不过，用这个方法要注意两点：第一，不要把孩子关在类似厕所这种密闭又黑暗的地方。第二，不要误用、滥用。有的父母觉得这方法有效，就什么事情都用它，不做功课也用，不刷牙也用。实际上，需要用到它的机会非常少。

其实孩子有攻击行为，不管是有意还是无意，都要先制止攻击行为，让孩子知道，攻击不是一种好的表达方法。不过一般来说，攻击性比较强的孩子也是生命力比较旺盛的孩子，先天气质属于激进型。他们通常在两三岁时，表现得比较好动甚至有一点攻击性。但如果引导好了，他们长大后会把旺盛的精力转化为推动行动的能力，所以行动力比较好。

Q：最近这几天发觉 2 岁的元元越来越不服管，还开始练习对抗，更可怕的是，他竟然练就了一身"坐地炮"的本领，不依他，他就往地上一躺，大呼小叫……虽然这种情况的发生还不频繁，但是确实开始了。我该怎么及早制止这种行为？

A：如果妈妈没有常常凶孩子，孩子打滚一定是因为他认为这个方法有效，也许是他曾经试过有效，也许看过别人用着有效。

面对这种行为，妈妈既不要对抗，也不要满足。要告诉孩子："假如想要的话，你要换个方式。比如你可以好好跟妈妈说'我要……'，我们可以谈谈。继续这样，肯定不行。"重要的是，让孩子知道怎样的方法是好的，这样孩子会知道，妈妈不是在和他怄气，只是在教导他，然后他会明白，并且比较容易接受大人的建议。

如果引导无效，孩子继续打滚，那就只能忽略，不理会他。绝对不要去骂他，这时候你越责备他，他闹得越凶。忽略反而让他比较容易安静下来。因为他是在用不健康的方式索取想要的东西，忽略会让孩子知道这个方法是无效的，如果你表现得很紧张，甚至满足了他，孩子就会判定：打滚有效！以后就会一直习惯于用这种办法。

Q：女儿1岁3个月。在小区里和其他小朋友一起玩的时候，她有时会大声吼人家，用手抓人家的脸，或者直接用脑袋撞在人家脸上。她这么小年纪出现的这些行为，算是攻击性行为吗？她为什么会这样呢？

A：算！虽然没办法确定她为什么会这样，但可以猜测的是，这个孩子有情绪。

内在情绪较多的孩子，不是乱喊乱叫，就是摸摸这个，碰碰那个，或者打人。他们通过这些方式转化身体内过多的情绪能量。而小孩子又控制不好手脚的轻重，于是就表现为攻击性很强。

在孩子出现攻击性行为的当下，爸爸妈妈必须先阻止这种行为，然后用行动教导孩子怎样才是正确的，比如摸摸她的手，说："这样是不是很舒服？你也试着这样摸摸妈妈的手！"这么小的孩子，很多时候都不是故意攻击别人，而是因为手脚的运用还不很自如。那么，这时候父母就要教导他，如何通过恰当的肢体接触表达内在的情感。

除了训练孩子用适当的行为和小朋友互动，爸爸妈妈还需要做两个事后工作：

1. 检查一下他的情绪可能是什么原因引起的？孩子累积情绪的最主要原因是：爸爸妈妈关系有问题，以及妈妈太过焦虑。

2. 让孩子多玩。玩的时候，又蹦又跳，又喊又叫，一下子就能把情绪能量释放出来。

Q：儿子刚过2岁生日。他现在很喜欢到处乱涂乱画，乱抽纸巾，积木刚收拾好就全部倒在地上……造成家里一片混乱。虽然不是什么大错，但我还是会阻止，然后他就说"坏妈妈，不要妈妈"。我应该怎么办？

A：这个年龄的孩子正处在"非黑即白"的阶段，只要一不称心，就很容易讲"坏妈妈""不要妈妈"这种话。

当他觉得你好时，他会拼命来吻你，夸你是"好妈妈"，但不好时也会立刻翻脸，全盘否定你，甚至扬言"要换妈妈"。妈妈需要了解的就是，这是孩子的一个正常的成长过程，不要太介意。当然在孩子讲"坏妈妈"时，你也可以对他说："你做错的时候，我接纳你，那如果妈妈有错，你可以接纳妈妈吗？"这样说，有助于缓和孩子因为不满意你而否定你整个人的心态。

至于孩子乱涂乱画、乱抽纸巾的行为，的确应该阻止。你可以引导他："乱抽纸巾不可以，那是浪费。涂鸦可以，但必须在对的地方，比如在你自己的画纸上。这里是大家公共的地方，属于家里每一个人，所以你要爱护，不可以乱画。"

在制止行为时，你要看着他的眼睛，很认真地说："不能这样做。"如果不行，那么就用身体来支持我们讲的话：抓住他的手，用坚定的语气说："不可以。"而不是恳求他："你不要这样做好不好？求求你不要这样做了！"这样的"恳求"对于很有主见的孩子根本起不到作用，他可以读出：妈妈的声音很软弱，没有力量，我可以控制妈妈。注意，坚定的意思并不是大声，也不是责骂。

Q：我女儿2岁半。她不允许我们说任何一句"不行"或者否定她的话，虽然有时会假装问问我们的意见，比如"妈妈，我能不刷牙吗？"但她只是为了求得肯定，只要我们一说"不行"，她马上就翻脸，甚至挥手打人。这是怎么造成的？是被我们惯坏了吗？

A：两三岁的孩子这样还是比较正常的。这个阶段的孩子最喜欢做试验，试探各种可能性，这个可以吗？那个可以吗？如果你说"不行"，她就会想去试试"真的不行吗？"所以，这时候父母最需要注意的是：温和而坚持——坚持原则（不管孩子高不高兴，只要是不行的事情，就是不行），态度温和（平和地说"不行"，不包含指责和惩罚性）。

另外一个可能是：父母管得太多。2岁左右的孩子正是第一次发展自主性的时候，他们有了自我意识后，对自主探索有着特别大的渴望。如果父母亲对孩子多一些放手，甚至多鼓励她去探索外面的世界，同时保证好她的安全，她就不会来爸爸妈妈这里闹，把爸爸妈妈当成试验工具了。相反，父母亲管得越多，家里的规矩越多，爸爸妈妈受挫的可能性就越大。两三岁的孩子都是跟着自己的感觉走，当孩子感觉爸爸妈妈管得过多、过严，自己追求自主的过程受到阻碍，她就会用更大的力量、发出更大的声音比如翻脸、打人，让爸爸妈妈尊重她的自主性。

Q：儿子3岁半，总是冒冒失失的。比如说，他放碗的时候心不在焉，就把碗打碎了。平时我们都是说"没事！碎了就碎了，下次注意"。但最近他老打碎东西，训他怕也不好改，不说又担心他总这么冒失。到底该怎么办？

A：其实应该教导孩子如何处理打碎的碗。但是同时妈妈也要知道，小孩子在整个发育过程中，手脚是常常跟不上的，导致它们不是特别协调，所以打碎碗还是比较正常的。如果真的太常打碎碗，索性给他换成不易打碎的。

我的方法是，当孩子打碎碗，我就示范给他看如何处理这些东西。让孩子学会为自己的东西负责任，同时也学习"处理打碎的东西"这件事。我会教他，不要用手碰碎渣子，不然很容易被看不到的东西刺伤。只要拿来扫把、簸箕、报纸，把碎渣子扫好，用几张报纸包好，然后扔掉就好。这样既保护了自己，也保护了别人。后来我发现，我们家的孩子打碎东西都不叫我，自己就会处理好，而且我发现他们这样做时非常高兴。

让孩子知道，打碎东西可以自己收拾，收拾完了这件事情也就结束了，这样就行。通过教训孩子或者给他讲道理，并不能让他少打碎东西，他不是不知道道理，而是手脚还无法完全受控制，这个问题随着孩子慢慢长大自然会消失。并不会因为没有接受教导，而一辈子从此就毛手毛脚、冒冒失失。

Q： 女儿8个月，感觉很容易暴躁，一躁起来就使劲抓脸，有什么一点不由她就哭，该怎么教育啊？

A： 面对这么大的孩子不用做任何教育。她要抓脸，妈妈抓住她的手让她抓不了就行。不要骂孩子，和声细气告诉她："不能抓脸。"甚至什么都不用说，平静地直接阻止她的行为即可，这样孩子慢慢会知道不可以做这个动作。

也不要反应太过激烈，比如很紧张、很激动的样子大喊："不要！不可以！"否则有些孩子发现这个举动可以控制父母，让爸爸妈妈紧张很好玩，他就会不断重复。

孩子这样做有多种可能性，一般来说，无论是内向的孩子还是外向的孩子，无论是力气很大的孩子还是力气很小的孩子都不会伤害自己，也不会伤害别人，但如果她有这样违背本能的举动，一定是因为情绪太多，比如父母亲管得太多、父母太焦虑、两个人常常吵架……所以，这时候父母可以做的最好事情是，好声好气跟孩子说话、玩、多抱，不要过度教育。

Q：儿子1岁半，最近这段时间和小区里的哥哥姐姐玩耍时，被打了一两次，现在换他出现打人的动作了。碰到他不喜欢的、抗拒的人或物，他举手就打。和他讲道理，看他又似懂非懂；大声禁止他，他就哭。怎么都改不了这个坏习惯，很烦恼。现在带他出去玩，都担心他打到别的小朋友。

A：妈妈需要反思：到底是谁？什么原因导致孩子打人？

妈妈想制造一个"我的孩子被打过，所以现在去打人"的逻辑，但这讲不通。不是所有孩子被打过，都会去打人的。所以妈妈可能夸大了这部分的原因，同时忽略了孩子打人的根本原因——内在有太多情绪。

妈妈要去检查一下孩子的情绪来源。这么小的孩子，负面情绪来源主要有两个：爸爸妈妈的关系，以及爸爸妈妈和孩子的关系。爸爸妈妈的夫妻关系有问题，或者父母对待孩子的方式太急躁、太高压、太控制，最容易让孩子累积情绪。当孩子内在情绪太满，无法处理时，就会跟着自己的本能，利用打人这样的动作宣泄情绪。

Q：宝宝刚刚1岁，爱摔东西，不管是什么东西都摔；爱打人，尤其爱打人脸。这些不知道该不该现在制止他？听资深妈妈说等到快3岁了，再开始调教，不知道对不对？

Ａ：有一些性格活泼的孩子，在表示想跟人家联结时，因为手脚控制不太好，是容易碰到人家。但如果是比较明显的用力过度，一方面当然是因为还不懂跟人互动时的力量分寸，但另一方面也是表示他内在有比较多的情绪，才会在出手时比较用力。不管性格内向还是外向的孩子，如果内在没有情绪，是不会出手做一些有破坏性的动作或有意识的打人动作。看到容易破碎的东西，包括小孩子，他也不会轻易去摔他们。健康的孩子，天生就不喜欢这样做。

所以，妈妈可以去观察，孩子平时的情绪状态如何？是不是比较容易急躁或发脾气？即便孩子平时情绪比较平和，但无意识中，他也透露出一种发泄的需要。

具体做法上，妈妈可以给他找来比较不容易坏的、破的东西去丢，比如塑胶的东西，尽量不让孩子养成摔坏一个东西的习惯。

孩子打人时肯定要阻止，但抓住他的手，不让他继续打就足够了，这是用行为制止的方式让他知道不可以打人。没有办法也没有必要跟他讲道理。如果孩子继续有打人的冲动，我们继续行为制止，直到他不打为止。制止时，态度温和就好，这是在教孩子不用暴力方法处理情绪。

其实这样的行为出现后，我们要多关心的反而不是他的暴力行为本身，而是孩子为什么会有这么多情绪？是从哪里来的？

这么小的孩子出手的确容易没有分寸，我们也不可能希望他一下子变得特别有分寸。但打人、破坏东西这样激烈的表达方式，还是要去问：孩子生活中有没有一些情况？比如父母亲争吵？妈妈讲话的声音有没有特别尖锐？这些都容易刺激孩子。爸爸妈妈批评孩子时，孩子可能不知道我们在讲什么，但他能从声音里做出判断：这是不是善意的态度？

Q：孩子不到6岁。我们管教她的时候，她经常做出一些伤害自己的行为。比如当我们说"这样不好，这个东西不能碰"时，她就会打自己的手，并且说："我讨厌自己。"她为什么会这样？

A：有些孩子觉得管不住自己，做了错事会挨骂时，就会出现打自己的行为。通常，太过严格的父母容易养出这类孩子。所以，请这些父母平时不要总是用过于严厉的方式告诉孩子，这个不能动，那个不能做。

当孩子太生气，压制不住也处理不了负面情绪时，容易出现出格行为，而这个时候，父母最忌讳对孩子说："你这么小，有什么事情好生气的"，或者简单粗暴地制止孩子正在进行的"坏行为"。爸爸妈妈应该教会孩子生气的时候可以做什么。否则，孩子有处理不了的情绪时，就会想：不能打人，不能扔书，那打自己总可以吧！

5. 社交与社会化

孩子在社会化的过程中出现问题时,有的父母会怀疑:"是不是孩子社会化的能力不行?是不是孩子与别人联结的能力天生就有问题?"

其实无论是孩子社会化还是与人交往这件事,都不是依靠成人手把手教出来的。孩子满 3 岁,逐渐和妈妈分离之后,就开始大量学习社交,虽然他仍处于学龄前阶段,但孩子喜欢和父母互动、和熟悉的好朋友互动,实际上已经进入社会化的阶段。

孩子通过观察别人的声音、表情、动作,来判断该做什么、不该做什么。比如刚开始,一个孩子看到他跟妈妈说完一句话后,妈妈脸色变了,孩子就会把这个信息吸收进脑袋里:"这句话有问题,如果说,妈妈会生气。"第二次,当他说出同样的话时,老师的脸色也变了,这再一次加强了他原来接收的认识。慢慢地,孩子从一个、两个、三个信息里逐渐了解到，人与人互动时，有一些约定俗成的规则。

人际交往中很细微又隐秘的信息，很难一一通过口头传授，需要孩子从真实生活的点点滴滴中，自己观察、自己感觉，从而得到自己的结论：怎样做一个社会人？怎么在社会上跟人家交往？否则，没有这些经验的累积，孩子走入社会、与人交往得到的结果很可能是，被别人讨厌、排斥甚至欺负。等到学习了两三年，大部分孩子在进入学校时，已经知道学校这个情境跟家里是不一样的，家里和超市也是不一样的，在不同情境中要相应有不同的表现。这就是，他从生活里逐渐学习，完成社会化的过程。

社会化好不好、社交能力行不行，跟性格没有关系。只不过，外向孩子胆子更大，比较敢于去尝试、碰壁，碰壁后的承受能力也比较强，相对来说锻炼的机会更多。而内向孩子也不存在问题，他们的风格是先观察，把握较大时才去做，成功概率更高。因此，对大多数孩子来说，社会化、社交都不存在问题，只有一种孩子会出问题，就是情绪太多的孩子。

当一个孩子内在情绪太多时，整个人的注意力都会被干扰。别人用来察言观色和学习社交的时间，他却总是在琢磨：为什么爸爸妈妈要吵架？为什么妈妈要这样对我？为什么爸爸无缘无故发脾气？……太多的精力用在回应内在声音、建立内在信念上。他想通过自己的努力弄明白这些问题的答案，而事实上这个年龄的孩子怎么可能理解："我没做错什么，为什么妈妈打我？"更困惑的是："同样的事情改天做，妈妈为什么又不生气？"内在充满困惑，整个人的生命力、精力、情绪就都耗费在这里。

Q：我的女儿3岁多，进入幼儿园也有几个月了。她平时在家很喜欢说话，活泼开朗。刚上幼儿园的时候，也很高兴，表现都很好，可是最近，老师反映她在幼儿园里面很少说话，也不爱跟小朋友玩，午睡还总尿裤子。请问，我的宝宝为什么会这样？我应该怎样帮助她？

A：一般来说，在家活泼的孩子到幼儿园不敢说话，是因为社会化能力不够，一旦与人在一起，相处分寸掌握不好，就容易被人嘲笑和拒绝，然后因此感觉受挫，不知怎么办。我们只能等到出现具体的事情后，教导孩子怎样应对。

至于尿裤子的原因，有很多可能性，本身这个年龄段尿裤子也比较常见。如果孩子的脸皮比较薄，很可能因为尿裤子被老师教导或被别的孩子嘲笑，而不敢跟人交往。我们可以问问孩子："尿了裤子是不是感觉不太好？"或者"为什么不说话？是不是因为尿裤子被笑话？"如果真是这样，我们可以跟老师沟通说："可不可以不要公开说她？可不可以私下教她？"

想要了解孩子在幼儿园的情况，我们可以问孩子："最近跟小朋友之间有什么事情发生吗？""你有没有不愿意跟别人玩?""别人有没有不跟你玩?"但是,当妈妈问问题时表现得太焦虑、紧张时,孩子就会感觉到,她就不愿意说出来。如果孩子不讲,我们可以试着先说说自己小时候的事情:"你知道吗,妈妈以前在幼儿园……"听到这样的话,孩子就比较容易说出自己的心事。

另外一个好办法是让孩子画画——随便画幼儿园的东西。画里可能有人、有树、有小鸟、有太阳、有云……根据画的内容跟孩子聊天,比如:"这棵树在这里多久了?它最喜欢谁?最不喜欢谁?它看到的是什么事情?"接下来,你想对孩子说的话,也可通过画里的东西告诉他,而不是直接讲出来,比如:"太阳公公每天都照着这个幼儿园,它也看到了一切。它看见树那么烦恼,就对它说……"

Q: *我的孩子很喜欢跟人分享零食。可问题是,有时候对方并不想要,他会硬塞给人家,如果人家还不接受,他就会生气。这是怎么回事?*

A: 孩子都是自我中心的,你的孩子这么小就能这样做,非常难得。你告诉他,能和别人分享是很好的行为。但还有另一种品质也非常好,就是:虽然我是好意分享,但是别人不要,我也尊重人家。我的好意已经体现,对方不接受有很多原因,比如他爸爸妈妈不喜欢他接受别人的东西,或者他自己不喜欢吃……如果这时候能尊重别人,那就更可贵,更了不起了,因为很多人都没有这种品质。面对3岁的孩子,你这样表述,孩子虽然无法表达他已经听懂,但实际上是可以明白的。或者,怕他听不懂就示范出来,比如我们给他一个东西,他可以要,也可以不要。

最重要的事是:当我们认为自己"好意"为孩子做一件事情时,我们要允许他接受,也要允许他拒绝。这样孩子才可以从中学习到,我是好意,不代表别人一定要接受。

Q:我家孩子1岁7个月。他跟别的小朋友玩的时候经常去抢别人家的东西,再给他拿一个相同的玩具都不行,一定要别人手里的那个。转移注意力也不起作用。这种情况该怎么引导他?

A:转移注意力也不行,那就肯定要做"温和而坚持"了。也就是,不管孩子明白不明白,都要温和地对他说"不行"。如果孩子哭,就让他哭一会儿,差不多时候再对他说:"妈妈抱你去其他地方玩。"

基本上3岁以内的孩子都还没有"我"的意识和感觉。没有"我"的概念,就没有"你"的概念,他不能分清楚这个东西是"你的"还是"我的"。他目前只能从实战中慢慢学习:妈妈禁止的,就是不能去拿。

有些孩子看上去好像懂,但其实还是不明白其中的道理,只是妈妈说不行时,他就乖乖听话了,并不是因为他真正明白道理。他明白的只是，当妈妈说不行时就是不行。但有些孩子不是，生命力太强，妈妈说不行，他还是要试，一直试一直试，直到发现妈妈很坚持，才会明白那个东西是我不能拿的。

妈妈不用唠唠叨叨讲一堆道理，温和而坚持地说"不行"（有时候直接用行动表明）就可以了。

Q：我的儿子刚2周岁。平时太过与世无争，与同龄小朋友玩从来只有被欺负的份，别人打他，他不会还手，甚至不会反抗。但最近在家遇上不顺心的事会打外婆和妈妈。我不希望他变成小霸王，但至少在外要会保护自己。我想请教一下，如何让小孩学会"争"？

A：你的孩子可能天性就属于不爱惹是生非的那种。如果没有被欺负得太厉害，就不愿还手，平时也不会攻击别人。但有的孩子不一样，他们一旦有情绪，或者感觉被侵犯了就会大打出手。所以，这个问题首先和孩子的天生气质相关，你要让他改变天性，变得"爱争"恐怕很难。

那为什么在家会打外婆和妈妈？一方面，可能孩子长时间在外处于弱势地位，容易积累一些情绪，而他又知道在家里打人是相对安全的，所以他敢借机发泄不能承受的情绪。因此在家，父母该阻止的还是要阻止，让孩子知道什么分寸是被允许的，不能让他做小霸王。否则，时间长了孩子就会形成一个概念：在外面不敢打人，在家却可以！另一方面，这个孩子刚开始打家人时没有被当回事，而他自己也发现这样对自己有利，所以就养成了这种习惯。比如妈妈让他做讨厌的事情，他怎么不同意都不行，直到他发脾气打人时妈妈才让步，这样的经验会把孩子引向不健康的方向。所以，当孩子发脾气时，妈妈要引导他："妈妈不喜欢你打人。有什么事，你要好好说出来，我才能接受你的意思。"

同时，我们也要教孩子如何应对外面的冲突。两岁的孩子出去玩时，基本都有家人陪同，所以我们完全有机会教导孩子。但这个教导不是让孩子打回去，而是先观察孩子打算怎么办，他有没有办法解决这个问题？如果我们给孩子一点时间，有的孩子就会去试：我能不能跟他讲好话，跟他做好朋友，这样他就不会欺负我？或者大声吼对方，看他能不能被吓退？有时候妈妈也会担心，对小朋友之间的事下手太快，导致孩子没有自我尝试和学习的机会。

当孩子实在没有办法，也无法承受时，他自然就会跑来找妈妈，希望得到妈妈的支持和帮忙。在我们帮助孩子时，也不能逼迫孩子打回去，要看孩子自己的决定，我们可以尝试教孩子运用声音的力量，两三岁的孩子不能明白话语的内容，但却可以读懂声音里包含的信息，能从声音里察觉"能不能进一步挑衅别人"，即使孩子连用声音止住别人也做不到，那么他选择躲开这种人也无妨。

就像其他任何生物一样，人是跟着自己的生命本质去发展的，而原本所具备的生命力一定会提供足够的能量，供他展现自己生命的本质。但如果情绪太多、内在干扰太多，生命力的消耗就会太多，这就意味着，孩子不能用他所有的生命力来学习、行动、跟人交往、调整自己、得到自己想要的东西……

Q：孩子4岁，从2岁7个月开始上幼儿园，到现在仍然不怎么喜欢去幼儿园。最近他告诉我，幼儿园的老师经常吼他，我们应该给他转到新的幼儿园吗？

A：在任何幼儿园，孩子都可能遇到比较凶的老师。所以，你可以先这样回应孩子："对！这个老师确实挺凶的，不过这和你没有关系，也许老师天生脾气不好，或者太忙了所以容易发火。不可能所有老师都像妈妈一样，对你这么温柔，所以你要学习怎样和凶的老师相处。比如你要做好该做的事情，如果你已经尽力了老师还凶你，你就要跟妈妈说。"千万不要反驳孩子说老师其实不凶，或者低估孩子理解你这番话的能力。

接下来，你要想办法弄清楚，老师是因为脾气有问题而对所有人都这样，还是单单针对你的孩子。如果是前者，那么不必转园。孩子在以后的学习和工作过程中，还会遇到这样的老师、老板或者同伴，难道他总要因为别人的原因而躲避到其他环境中去吗？但如果老师的确特别针对你的孩子，你就需要和老师沟通一下，看问题出在哪里。之后情况还是没有改善的话，再考虑转园。

Q：幼儿园老师向我反映，3岁半的儿子总喜欢一个人待着，不喜欢和其他小朋友一起玩，所以看着不太合群。我应该怎么办？

A：先接受他。因为有的孩子三五下就可以和陌生人打成一片，可有的孩子却没有那么快和陌生人融合在一起，他们需要花一些时间，对环境非常非常熟悉以后才可以融入。

你可以观察一下，你的儿子是不是因为被其他孩子排斥才这样，他在其他方面有没有表现出问题，比如情绪问题、行为问题。如果他情绪比较稳定，参与集体活动时也没问题，你就不用干涉他。这样的孩子，如果被逼着和别人一起玩，反而会难受。他们天生需要更多安静的自我空间。这是个先天个性问题，你应该给孩子更多时间。

再告诉你一个好消息吧！这类孩子将来上学后，学习成绩更好，不用你操很多心。

Q：儿子4岁半。在他要好的小伙伴里，有一个男孩有点暴力。虽然男孩们一起玩时，难免有些推搡和拳脚动作，但那个小男孩总是下手太重，比如前几天他居然把我儿子的脸都抓破了。我很犹豫，要不要阻止儿子和他继续来往？

A：你和儿子玩一下角色扮演游戏吧。你扮演你儿子，你儿子扮演那个很凶的男孩。然后你给他示范，面对这样的情况应该如何处理。

让孩子学会不责备、不讨好地和对方沟通。比如你示范说："我们是好朋友，但是我不喜欢你这样抓我。否则，我以后不跟你玩了。"或者："我喜欢和你玩，但你常常弄伤我，你要小心一点,动作不要那么大。如果我总是受伤,妈妈就不让我们做好朋友了。"如果你儿子不敢,你就陪着他一起去。

通过这个过程,那个小男孩也能有所学习。小孩子还不能很好控制自己的力量,所以他的"暴力行为"不一定就是故意的,但这不代表他不需要改变。如果他的暴力行为总是不被提醒,他可能永远都不会克制自己。

跟儿子沟通一下,给那个孩子两三次的学习机会,在你们觉得给够了机会时,可以最后一次提醒说:"这是最后一次,你再这样,咱们俩以后就不能一起玩了。"这样,如果对方还是没有改变,你的儿子也不会因此而难过。

Q:儿子5岁8个月,现在上学前班。学期开始时,好不容易适应了一个月,终于能大大方方进班里不哭了,可最近因为病了几天没去幼儿园,再去时又要从头适应,上午哭哭啼啼,只有到下午才能进入状态,表现得很好很积极,可第二天早上却又表现出害怕,嚷嚷着不要上学。这样有问题吗?

A:没有问题。只要孩子能慢慢适应,在环境中表现得越来越好,那就不是太大的问题。

这样一次又一次克服不适应和害怕的感觉,对孩子来说是一种训练,对他的成长很有好处。他借由这个方法慢慢建立起自己的安全感,当他发现自己状态越来越好,本身就能增加他对自己的信任度,从而变得越来越自信。

父母要有耐心接受孩子慢慢适应的过程，不要去比较"为什么别的孩子能很快适应，我的孩子却不可以？"这样的比较没有意义，不管是什么原因，接纳他，鼓励他就好了。不要对孩子说："没什么怕的，别人都可以，你为什么那么胆小？"鼓励的意思是说："你可以的，去吧！"如果孩子状态不好，从学前班回来带着不良情绪，他会表现出来或者说给你听，这时候，你自然地告诉他该怎么办就好了，不用太刻意。

Q：我告诉 3 岁的女儿："妈妈需要离开一段时间，去住院开刀。"她没有表现出很明显的情绪波动。可是当我在医院跟她打电话时，她却问："妈咪你是不是在医院？是不是要动手术？动手术是不是会出血？血出多了是不是会死？我就没有妈咪了。"然后她就很伤心地哭了，晚上也睡不好，一直做梦惊醒。外婆责怪说："不该告诉小孩子的，告诉她也没意义，还吓得要命，就说出差好了。"难道我真的不该告诉孩子吗？

A：对孩子说，妈妈要看病、住院并没有问题，不合适的是，跟孩子讲得太多，比如会出很多血、会死之类。这些话一定是成人告诉孩子的，否则 3 岁的孩子想不到这些。

正确的做法是，告诉孩子，人会生病、看医生是很正常的事情，就像小孩子会跌倒一样。只不过病有大有小，伤风感冒两三天就好了，但有些病需要治疗的时间长一些，妈妈要做的就是接受治疗而已。

这也是孩子社会化的一个过程，学习接受生活中碰到的各种各样的事情。生病或者碰到意外，都是生命里很正常的事情，当孩子看到生病的妈妈可以很坦然地接受，坦然地治疗，那么有一天孩子自己生病了，对这件事情也能比较好地接纳。甚至，将来经历一些意外、病痛、受伤，她也会坦然接受，相信自己一定会好起来。相反，如果妈妈不能接受去医院这件事，孩子对生病就会有过多恐惧。

不管是有家人生病，或遭遇其他家庭变故，最重要的，并不是当时我们对孩子说什么，而是我们面对事情的态度。如果我们坦然面对、泰然处之，那么孩子也一定可以心安。如果爸爸妈妈表现得非常害怕，孩子就会觉得："这一定是了不起的事情，否则爸爸妈妈怎么那么害怕。"然后，孩子就变得更加害怕。所以，还是我们自己先用平常心来看待这些事情吧！

Q：1岁半的女儿出去玩，常常会碰到一个比她大半岁、攻击性比较强的小朋友。冷不丁遭到攻击后，女儿有时候大哭，有时候皱皱眉头，然后躲开。对方小朋友的妈妈也会对她的孩子说"不要推妹妹"，可实际在行动上并不去干涉，还说这是孩子之间的正常社交，大人不应该插手。她说她的孩子被人欺负时，她就不会出面。即使我非常心疼女儿，但并没有为她出头，一方面不确定自己的干涉是否恰当，另一方面因为和对方非常熟悉，也不好意思指责那个小朋友。究竟怎样才是恰当的应对方式？

A：判断需不需要出手帮助孩子的原则很简单：当孩子表现出痛苦时，我们一定要出面处理。也就是说，当孩子有激烈的情绪表现时，表示他没有办法处理眼前的局面，那么爸爸妈妈就应该教导孩子处理，比如表达自己的不满意，大声告诉对方"不可以""我不喜欢"。

一般情况下，当孩子没有太介意的表现时，妈妈不用管，等他自己没办法处理时再问他："什么事？打算怎么办？"给他一点建议，看他要不要接受你的建议，如果他表现出"不要紧，算了"，那就算了。

有时候，孩子对自己的退让是无所谓的态度，比较介意的是妈妈。面对这样的事情，妈妈一定会觉得心疼。但只有妈妈先忍住自己的心疼，才可以给孩子一点面对情绪的时间，以及学习处理情绪的机会。

当孩子表现出明显的情绪困扰，或者从你自己的经验、感觉来说，对方真的已经有些过分时，你可以教孩子说："我不喜欢你这样，不要推我。"如果孩子的语言能力不够，你可以直接对攻击人的孩子说："你不可以这样对我的孩子，他不喜欢。"

你不用理会对方妈妈的看法。她认为孩子之间发生这样的事情不用管，她面对自己孩子被欺负就没有出面，那是她的决定，与你无关。你可以告诉她："我觉得不行，因为我要示范给孩子看，我们不喜欢被人攻击。面对别人的欺负，我要让我的孩子学习对别人讲'不可以'。"

否则的话，妈妈总觉得不能跟别人讲"不可以"，孩子看到妈妈想说又不好意思说，他也会觉得自己不可以说。接下来他要做的就很可能是，找一个比他更小的孩子来欺负。

所以，我们要为自己负责任，就要说出自己的不高兴，也要教导年幼的孩子："下次别人打你，你不高兴了，要跟对方说'不喜欢''讨厌'。"即使孩子小，也可以学会这样简短的回应。

如果对方孩子一直都这样，就是改不了，而你家的孩子又小，肯定要吃亏，那么我的建议就是"釜底抽薪"——走人！孩子本来就应该从"我做错事情，然后别人不跟我玩"这样的过程中逐渐学习。否则，他怎么知道自己错了，人家不喜欢被这样对待。从小知道，做什么事情会找到好朋友，做什么事情会失去好朋友，是很重要的课程。其实，这么大的孩子很容易从这个过程中得到经验，因为他们现在并不注重物质，最注重的就是关系。

Q：2岁的女儿，最喜欢和一个大她半岁的小姑娘一起玩。那个小姑娘比较强势，力气、能力也大一些，所以两人一起玩，同时看中一样东西时，我的女儿总是拿不到。我觉得这种经历很容易带给她挫败感，可不可以尽量减少和对方在一起玩的频率？

A：看孩子，她不愿意，可以少来往。但如果她觉得没问题，愿意继续，妈妈也不必介意，因为这也是一种成长学习。

我们会发现，跟强势的人在一起，我们需要忍受对方，从这里面我们会察觉到：如果我们对别人强势，别人也会很不舒服。也就是说，孩子可以从别人对待他的态度中学习，怎样让人舒服？怎样让人不舒服？

所以在孩子的成长中，妈妈不要干涉太多，让他在自然的状况下，接触各种类型的交往，学习各种的舒服和不舒服。比如，当你的孩子能力变强，遇到比自己弱的小朋友时，他就会想，我要不要用强势的方式，让人家不舒服？身处弱势地位时，深刻的不良感觉反而会让孩子将来比较容易以己度人。

除非对方的力气真的大很多，下手又没有分寸，父母才可以出手帮助。不然的话，不要过分担心孩子被拒绝会怎样，抢不过又怎样，这些本来都是很正常的社会化过程。孩子需要的，不是每次一被欺负就被救起，而是被教导，遇到这样的情况时，如何保护自己。

Q：儿子3岁，上幼儿园已经半年多。每天早上起来第一件事就是问"今天上幼儿园吗?"如果答"上",他必然会哭。但是,他也能够按部就班出门,路上及送到班里后都表现得很好,能高兴地和我说再见,晚上接园也没有情绪问题。我的儿子有什么问题吗?需要想办法开导他吗?

A：如果孩子不是很抗拒,在幼儿园可以愉快地学习,回家也没有带情绪,只是有那么一会儿不愿意,问题就不大。

3岁多的孩子,正处在和妈妈从心理上进行最后分离的阶段,过了这个阶段就真正从心理上成为一个独立的人了。但这时的孩子会比以往更加不愿意分离,因为孩子可以感觉到,过了这个阶段就要真正分离了,他既为自己的独立感到高兴、自豪,同时又难免"舍不得",之前毕竟长久地和妈妈在心理上一直联结着。我们成人也体会过这种心情,即将分离时的不舍心情是非常正常的。

妈妈可以试着接受孩子的这种情绪,或者拍拍他,讲很简单的安慰话："很快就会看到妈妈的。"这个过程中,妈妈也要传递一种"没有太把这当回事"的感觉。

不过,一旦孩子出现不寻常的行为,比如拼命抱着妈妈的大腿,死都不肯放,或者在幼儿园整个人都有退化性行为(比如入园前原本不尿裤子的,因为入园又开始尿裤子),那就需要特别处理了。

Q：我儿子 2 岁半，性格敏感、内向、慢热。在他快 3 岁的时候，我们全家人因为工作调动会去另外一个城市，他也要在新城市上幼儿园，而且幼儿园使用的语言和家里的不一样。请问这种情况下，作为妈妈，我应该在搬家之前和之后做些什么来帮助他适应新家及幼儿园的生活？

A：妈妈不用太担心，这个年龄的孩子的适应力通常都比较强。可以做的事情是：

1. 搬家前告诉孩子："我们会搬家，在那边会有……"不过，老实说，这个年龄的孩子可能听不懂你在说什么，我们只是跟他简单讲讲罢了。

2. 到了新家的时候，刚开始一定要多花一点时间陪他，因为环境是陌生的。接下来就要看孩子的情况，如果没出现什么问题就是能适应了。通常，之前安全感越足的孩子，适应能力就越强。

其实这种慢热的孩子适应能力反而是强的。他的好处在于，去到幼儿园，他不会很快让自己和别人打成一片，所以他有时间在一旁先观察，等觉得可以了，才慢慢融进去。有些孩子就不是这样，其实他还不能够融入，但因为他胆子大，硬要加进去，这样反而容易得罪人。

比较小心的孩子是根据自己的感觉来的，他了解别人的情况，也让别人了解自己的情况。他通过观察发现，哪些人是比较好交往的，哪些人是不可以交往的，他会先从感觉可以交往的开始，然后慢慢扩大朋友的范围。这样他比较不容易犯错或者受伤。妈妈不用担心孩子的慢，只要他能交一个朋友，他就有能力交第二个第三个……

每个小朋友的观察时间都不一样，基本来说，只要心理营养足够，和小朋友的交往都不会有问题，小朋友也不会因为他慢而欺负他。爱欺负人的孩子也是用直觉来找欺负的对象，当他感受到哪个孩子内在是弱的才会向他下手。如果我们的孩子只是慢一点，但整体给人的感觉是自信的，气场比较强的，别人是不会来找他麻烦的。

孩子根本不需要很快融入，慢一点对孩子没坏处。最怕的是，孩子还没准备好，妈妈强行逼他融入。

Q：我家男宝，快3岁了，不喜欢和小朋友玩。带他去早教机构，因为教室里有小朋友而拒绝进教室，但是回家又吵着要去。我感觉他非常矛盾，内心想去，但又有所顾忌。他平时也挺敏感的，我要如何引导？

A：确实，可以看出来这个孩子还是愿意去早教机构的，所以要慢慢引导。最大的可能还是安全感不太够，所以明明心里想去，却又有些害怕。妈妈可以做的事情是：逐步带领。

先鼓励他和一两个小朋友建立关系，开始时妈妈陪着他，让他和别人握握手，做一些身体上的接触，表示友好。

等到孩子可以接受时，再在妈妈的看护下和更多小朋友一起玩。帮他找朋友时，妈妈的分寸特别重要，既不能急躁、催促，又要有一定的鼓励，比如拉着他的手，和其他小朋友手拉手。

当孩子在教室门口不肯进去时，也要慢慢来。不进去，就先远一点看看，不用太靠近。等孩子可以的时候，和他一起再靠近一点。这样，每一次都多靠近一步，只要孩子能不断往前走一点、再走一点。等到他能进教室，以后就都敢进去了。刚开始孩子拒绝时，千万不要推他，反正带孩子去早教中心也只是一个社会化的过程，并不着急让他学什么知识。每次靠近多少也不重要，重要的是孩子看到自己在尝试，也发现没有人逼他立刻参与进去，他有的是机会慢慢观察教室、老师、小朋友，以及里面发生的事情。

平常不喜欢跟小朋友玩，同样是安全感的问题。不过，3岁的小朋友，从心理学的意义上来说，才刚刚成为一个人。对于"怎么用一个人的身份跟别人交往？""和别人交往保持什么距离？""对方会怎么对待自己？"这些问题，他心里没数，有点害怕。这也很正常。等孩子安全感足够之后，他自然会有兴趣交朋友。

Q：女儿有个"特好"的小伙伴，但是那小孩特别精，什么都是挑对自己有利的做。比如跟女儿玩的时候，她想要的东西女儿都能给她，但是她喜欢的东西一律不给。公共的玩具也是，看到我女儿想玩，她会马上过去抢了先玩。即使这样，我女儿还是把她当成最好的朋友。该怎么办？

A：应该让孩子挑选自己的小伙伴，妈妈不要那么计较。

因为孩子只有在和自己喜欢的小伙伴的相处中，才能得到最大程度的学习和成长。其实，这么小的孩子之间能有多大的利益问题？不多的，都不是大事，最大的问题还是妈妈太不愿意让自己的孩子吃亏。

当然，在和"精明"的小伙伴互动时，妈妈也可以教给孩子一些东西。比如，当对方要我们孩子的玩具而她又不愿意时，妈妈可以告诉孩子："你可以对她说'不'。"这不是一种很好的学习吗？所以要允许孩子交各种各样类型的朋友。

妈妈可能会担心，自己的女儿和这样的小朋友在一起久了，就习惯于"弱势姿态"。但是，一个孩子是否弱势，跟对方的强势是没有关系的。有自信的孩子，即使在强势孩子面前也不会表现得很弱势，而且，自己吃点亏，让别人占点便宜，并不表示这个孩子就处于弱势。

一个孩子以什么样的姿态出现在群体中，和他的自信程度有关，和交什么朋友无关。所以，如果孩子自信不够，要做功课的是爸爸妈妈。我们能不能在孩子做得好的时候肯定他？我们能不能找到孩子身上值得欣赏的优点？

Q：我家有两个孩子。都说家里有兄弟姐妹更利于孩子们学习与人相处，但我家的情况是，因为他俩关系好，和别人相处时反而更冷淡，估计是心想：反正我已经有个伴儿！他们这样抱团有问题吗？

A：其实两个孩子关系好，是值得鼓励的。凡是能和自己兄弟姐妹处得好的孩子，将来跟别人交往都是没有问题的，只是时间没到罢了。

家里确实是孩子走向社会，和陌生人交往前的练习场。提前有练习机会的好处在于，孩子们先在一个相对单纯的环境里，学会了和同龄人相处。同样的父母、同样的价值观，让他们的交往变得比较简单。当他们累积了一定的交往经验，在家里学会了人际交往的基本能力，比如包容、妥协、协商、等待之后，再去面对来自不同家庭、有着不同价值观的孩子，遇到问题时，他们比较不容易慌张或者直接退缩回来。所以，这的确更利于孩子的学习。

至于和更多陌生人的交往，妈妈不用担心。人的天性当中有一条叫作——联结。也就是说，只要时间到了，他们更大一点，觉得除了爸爸妈妈、兄弟姐妹外，一定会有需要和更多好朋友交往。只要能够和兄弟姐妹相处好，就说明他们是有这个能力的，当他们选择要和别人交往时，一切都是水到渠成。

相反，如果一个孩子和自家兄弟姐妹的关系都不好，分不清亲疏远近，那反倒是要担心的。

Q：女儿3岁半，刚上幼儿园半年。最近生了一次病，一礼拜没去幼儿园，再去时就不行了。虽说这半年她的适应状态也不算好，但还没到这次这种地步——在幼儿园门口死死抱着我的脖子不放，甚至从出发时就开始紧张，更糟糕的是，放学回来情绪也很不好，晚上常常找借口大哭。看到她这种情况，我很想把她接回来，让她在我身边再待一段时间然后再去幼儿园，可以吗？

A：通常孩子在生病后，都会出现特别黏人的情况，因为生病对他们来说是一种很大的消耗，很难一下缓过来。

不过如果孩子持续地在上学前和放学后，都表现出这么严重的情绪问题，那么十有八九这个孩子还没有为上幼儿园做好准备，如果有条件，接回来一段时间是很好的。

的确，孩子通常在3周岁左右可以进入幼儿园，但每个孩子之间还是有些差异的。有的孩子3岁已经准备得很好，有的孩子却要晚一些。比如我有4个孩子，前面3个孩子都是3岁入园，但最小的那个，我发现他3岁时出去玩还是会不停回头看我，好像很不放心的样子，我就觉得他还没有准备好，直到4岁一放出去就头也不回，我才决定他可以入园了。

当一个孩子入园前连"人"的部分都没有完成，意思是说，他的安全感还没有足够到和妈妈剪断心理上的脐带，上幼儿园对他只能是负担，而很难有所学习。孩子能力不够，特别是人际交往能力不够,更应该让他在妈妈身边多待一些时间,像幼苗一样,慢慢养得比较粗壮了,自然能应对更多问题。敏感、谨慎的孩子头几年尤其需要比较小心地去照顾,所谓的小心其实也不用做很多,无非是让他在妈妈或者重要的养育人身边打转而已。

我们送孩子去幼儿园最主要的目的,就是让他学习"社会化",比如与人交往、听从老师的指令、在一个小集体中行动……所有这些的顺利进行首先都需要孩子已经长成一个独立、健康的人,否则他在与人交往时会遇到很多麻烦。遇到一点小小的不顺利,比如别人不理他,或者有冲突,对他来说都是无法应对的冲击。相反,如果你仔细观察会发现,当孩子的心理营养足够之后,自然而然会希望走出去认识更多人,交更多朋友,根本不需要我们刻意去鼓励,这就是人的天性。

所以,妈妈不用担心把孩子留在家里会把他"养独了",我们给孩子的心理建设做得越完整、越健康,他越容易与人联结、交到好朋友。人际的交往是不需要去教的,一个人本身有安全感、自信,他自然会有好的人际交往能力。

Q:现在电视中很多不适合孩子看的内容,比如暴力、不健康、过于成人化,或者其他一些孩子无法消化的信息。哪怕表面上看着没问题的歌舞节目,冷不丁地都会冒出一些不适合孩子的内容，让人感觉防不胜防。所以，我真不知道是该彻底禁止孩子看电视，还是不要过于担心，反正这些内容迟早都要看到？

A：最重要的是，如果看到了，爸爸妈妈可以主动和孩子交流："我看到了这些其实有点不舒服，你觉得呢？"

我们不可能让孩子把眼睛闭上，耳朵关上，而是要进行"机会教育"。比如电视里面某个人一生气就很暴力，我们应先直接分享自己的看法，而不是一上来就试探性地问孩子："你觉得怎样？"否则，孩子不知道该讲真话还是假话。就像我们和任何人交流观点，也是先讲自己的，这样对方了解我们的看法才能安心讲他的看法。如果孩子很小，我们甚至都不用问他的看法，讲完我们自己的就可以，这也是一个一点点灌输观念的机会。所以，不要害怕看到不好的东西，那可是我们表达观念的好机会。

比如性教育，通常都是从电视节目开始的。孩子看到一些镜头很好奇，一定会问我们，我们就可以借机灌输："这两个人其实认识也不久，就非常亲热，妈妈觉得这不合适，他们对对方都还一无所知。"性教育一定是从观念灌输开始的：怎样合适？怎样不合适？这都可以从跟孩子一起看电视开始。

Q：我儿子3岁3个月的时候入园。没上幼儿园的时候，他在家是一个十分调皮、爱捣蛋的孩子，可是只要一进幼儿园,他会连话都不说。老师其实对他很好,可他就是不爱说话,十分压抑自己,一出幼儿园马上恢复调皮的本性。现在都上了好几个月也没有好转。这是怎么回事?

A:这不是个大问题,妈妈要做的就是再等一等孩子。

只要孩子回到家就能恢复调皮的本性,这说明孩子没问题。最怕的是,孩子回到家也变得闷闷不乐,那才是需要担心的。

小孩子刚开始很容易不知道怎么在公众场合跟那么多老师和小朋友相处,所以要等他再观察一段时间,按照他自己的需求吸收了足够多的信息,然后再按自己的节奏决定如何一点一点调整。

其实,调皮、爱捣蛋的孩子到幼儿园表现得比较安静要比表现得调皮好很多。安静,别人就不容易找他得麻烦,太多调皮反而容易惹来事情。所以,妈妈暂时不用干涉太多,也不用去教育他在幼儿园该如何表现,除非孩子自己主动来问妈妈怎么办。

Q:孩子3岁,总喜欢一个人玩。即使别的小朋友玩成一团,她都是一个人独自待着。想让孩子合群些,活泼些,有什么好的方法吗?

A:孩子要先学会的是不伤害自己、不伤害别人,如果她能做到这样,与人联结的天性最终一定会发展出来,父母不需要过多干涉。孩子才3岁，安全感未必已经足够，这个阶段她自己愿意在一边安静地玩什么都可以。

如果妈妈很紧张，一定想要早点推动这件事，那么可以示范孩子如何跟其他人互动。比如妈妈去借小朋友一个东西来玩，玩一会儿请孩子还回去。如果孩子不愿意也无所谓，总之创造一些机会诱发她对别人的兴趣，至于她什么时候可以，也不能强求。或者一起玩球，妈妈把球传给另一个孩子，然后球传回来，妈妈再传给自己的孩子，传了几个回合后，妈妈可以说："这样玩好无聊啊，不如我们三个轮流传。我传给她，她传给你，你再传给我。"教小孩子东西，只是说不大管用，妈妈用自己的行动做示范是最好的办法。

最重要的是，妈妈不要过度担心这个问题。心智正常的孩子绝不会变成孤僻的孩子，因为人的天性就渴望与人联结。内向的孩子不能像外向的孩子一样跟很多人交朋友，但他一定不会一个朋友都不交，除非内在安全感极度匮乏。而且，绝大多数孩子最终一定会进入人群，比如进入幼儿园后，只要常常看到同样的老师、同样的小朋友，这个圈子对他来说已经足够熟悉了，他一定会融入进去。

Q：我女儿现在2岁5个月，上星期我带她参加朋友聚会。朋友的孩子中有一个比我女儿小一个月，比我女儿高大，而且很活泼的女孩。她跟大姐姐打闹、玩耍、追逐很开心，而我女儿却站着看别人玩。我说你也去跟妹妹玩啊,但她就是不去,我说:"不玩就走啦!"她又不肯走。这种情况下该怎么办?

A:孩子没有任何问题,妈妈应该让孩子跟着自己的节奏来。如果孩子不想走就说明她是喜欢的,看别人玩同样能学到东西。有的孩子的个性就是要看明白了别人怎么玩,他才敢去玩。所以,如果孩子没有觉得这是一个问题,为什么妈妈要觉得是个问题呢?

观察也是学习的过程,我自己本身也是这样的人,要弄得很明白了以后才会动手,要不然总觉得不安全。其实这样的个性,做任何事情都不会太过莽撞,有什么不好呢?当然也有人性格相反,他们比较爱冒险,很喜欢在体验中学习。

其实这就是不同性格的孩子,各有各的好。而且,有多少冒险精神,越在小时候,越跟先天气质有关,有的人做事只要有一成把握就敢尝试,有的人要五成,而有的人不到七八成就肯定不做。当然,这种精神也是可以后天培养的,孩子们在成长过程中如果看到自己有必要多一点冒险精神,他就会发展出来。而另一些人因为太过冒险,总是碰壁,他也会在磨砺中变得比较收敛和谨慎。

现在很多父母因为孩子个性退缩而苦恼,和两个原因有关:一是现在的孩子都被保护得太好,被保护过度的孩子更容易退缩;二是和中国现在所处的阶段有关。转型期,机会特别多，那些敢冲、爱冒险的人，容易抓住机会，取得事业成功，而那些个性比较保守的人，在这个时代好像吃亏了。因为有这样的现象，我们就特别希望孩子也要敢冲、胆子大，也特别害怕孩子因为性格内向、不着急而输掉机会。其实，我们还是应该按照孩子自己的节奏来，天性本来就不好改变，而且他们长大后的环境不一定是今天这个样子。

Q：女儿刚上幼儿园。她不喜欢跟着老师和小朋友们一起跳舞做动作，而是自己扭动、做动作。她这样有没有问题，需不需要引导？

A：妈妈可以教一教孩子，以免她过度自我。

比如告诉孩子："在幼儿园，你不一定会喜欢每件事。但老师有老师的工作，小朋友也要帮帮老师，不能不喜欢就不做。如果一个小朋友说不喜欢唱歌，一个说不喜欢写字，一个说不喜欢跳舞，老师就非常麻烦。所以偶尔做做不喜欢的事情也是可以的。"这样的群体观念是要教导的。

另外，有一些孩子并不是没有群体观念，而是因为有点害羞。他知道自己需要跟着老师和小朋友的动作一起来，但有时对动作要领不是很有把握，他就乱做动作掩盖自己因为不会而带来的害羞感觉。这时候我们可以对孩子说："你随便跟着老师做一做，也比一点不做或者乱做好些吧。如果你害羞，就更不希望自己显得太突出吧？"总之，要找到孩子不做的根源，针对他的性格和想法去做一些引导，引导他慢慢加入群体活动之中。

Q：女宝 34 个月。这个星期开始上幼儿园的小小班。她回到家避而不谈幼儿园，我怕是因为她很不适应。我打听过别的小朋友的情况，他们都会提起幼儿园的老师和小朋友，唱幼儿园唱的歌。我的女儿从来不提幼儿园的事，是因为逃避吗。这种心理正常吗？

A：正常。只要孩子没有其他问题，就不必强迫孩子说幼儿园的事情。因为有的幼儿园真的没那么有趣。特别是，如果孩子在家和爸爸妈妈玩得非常开心的话，那她就更想不起提幼儿园的事了。而且，孩子感觉在家更开心，也不表示她不适应幼儿园，在幼儿园不开心。

只要孩子没有显示出不愿去幼儿园，在幼儿园该做的事情也都会跟着老师做，回到家情绪比较稳定，这样就足够了。妈妈不必在意孩子提或不提幼儿园里发生的事情，这种比较没有意义。提，或者不提其实没有本质的区别。

就好像成人，为什么在家一定要说工作中的事情呢？除非有特别不开心的事情需要说出来和家人探讨。工作时不提家事，在家时不提公事，不也是很好的状态吗？

Q：我家女宝2周岁了，平时自己玩得很好，很懂事，喜欢跟小朋友一起玩。但要是有小朋友在场，她就好像突然变得没有主见，变成了跟屁虫，人家玩什么她跟什么，人家怎么玩她就怎么学，而且这时不管我跟她说什么，她都听不进去，只顾自己跟着小伙伴玩。家长需要干涉不？

A：当然不需要。这也是一种合群的表现。难道成天跟人家玩不一样的东西？那还真麻烦了。能够跟随别人的孩子，群体性一定特好。这可是孩子有良好社交行为的重要基础。

父母亲可能希望孩子在群体里是比较有主见的，甚至希望他是领袖，但这只是父母自己的意愿而已。孩子行为表现出来的意愿可不是那样，他就愿意融入进去，他知道这样可以避免不必要的冲突。不是所有人都愿意当领袖的，现在的父母太希望自己的孩子当领袖，希望孩子带着别人玩，而不是跟着别人玩。

其实，谁做领袖，谁不做领袖，有什么关系？快乐就好。这就是健康的孩子自然会有的想法。如果父母非得强加灌输给孩子："你应该有主见！想办法让别人跟着你玩！"他反而会变得纠结，无所适从。不要把我们自己很想要的东西强加在孩子身上，如果他真的享受跟从别人，那么就让他跟从吧。

Q：宝宝2岁半了，准备后期上幼儿园。他平常特别黏人，就算带出去跟小朋友玩，他都要紧紧抱住家长，不爱参与；小伙伴打他，他也从来不还手、不跑开，光哭，老爱受伤；看见别人的东西，会跑过去拿自己的东西跟别人交换，别人不换的话，他就哭。我觉得很是烦恼，特别是他上幼儿园后，无法独立，不知如何和别人相处。该怎么办？

A：我的建议是，这种情况下，孩子迟一点上幼儿园比较安全。孩子跟别人在一起不知道怎么保护自己，又胆小，到幼儿园容易受欺负。

虽然孩子的个性和交往方式，很难有根本性的改变，但在家里、在妈妈身边多待些时间，可以让孩子整个人在心理、身体上都再长大一点。幼儿园里，小朋友年龄都很小，遇到事情相争时，不懂得谦让，所以孩子一定要懂得保护自己。不管孩子个性怎样，3岁半的孩子怎么都比2岁半要好。2岁多的孩子，整个人的应对能力肯定会很差，有时被人欺负，连反应都没反应过来，事情已经结束了。而大一岁就不一样了，他表达更好，如果被欺负不敢反击，起码懂得跟老师或家长讲，再退一步讲，就算哭也能哭大声一点。

从根本上来说，父母亲的关系要更稳定，让孩子在家多吸收点安全感，他整个人才会比较有力量面对外面的人。在孩子上幼儿园前的这段时间，最关键的就是妈妈的陪伴和调整：妈妈要顺着孩子的成长需求，最重要的是要开始让孩子有所选择。孩子到了幼儿园，很多东西需要他自己做出选择，想玩什么，想做什么，都需要他自己说出来。所以，在家里妈妈就可以陪孩子练习，遇到问题时，妈妈可以问他："你打算怎么做？你需要什么？如果需要的话，你可以去做。"总之，孩子想要什么东西时，积极引导他讲出来。其实，如果妈妈对孩子是"非常允许"的态度，孩子就不会有上面的问题。

父母亲要检讨的是，孩子现在这样的表现，说明家里有人过度保护孩子、过度照顾孩子，或者养育人的焦虑太多、控制太多。平常父母亲要尽量给孩子更稳定、和谐的环境，少吵闹，允许孩子自由表达自己的想法、喜爱、不高兴等各种情绪。这一点特别重要。孩子在幼儿园没有表达自己意愿的能力，会过得特别辛苦。

涉及具体的社交能力的提高，比如妈妈带着孩子出去，孩子被欺负，妈妈可以先问他发生了什么事，然后教孩子怎么跟对方小朋友沟通，最后妈妈可以领着孩子去找小朋友好好说。根本不需要妈妈去教训别人，妈妈站在自己孩子身边，孩子自己去沟通的胆子和可能性都会比较大。

6. 夫妻关系

有孩子之后，我们很自然地把所有关注都聚集到孩子的身上，有时甚至因此忽略了与另一半的关系。殊不知，爸爸和妈妈良好的夫妻关系，是送给孩子一份最好的礼物。

因为爸爸妈妈是孩子的整个世界，是他全部身心的来源，因此他很怕失去其中任何一个。特别是对3岁以内的孩子来说，自我还没有完全形成，对于分离的接纳度是很低的。这时候爸爸妈妈分开，从而造成孩子和其中一人分离，这会严重影响孩子的安全感。

所以，对孩子来说最重要的是，他需要知道"爸爸妈妈不会分开"。比如万一争吵，之后可以对孩子说："我们两个是会吵架，也会意见不同，但我们不会分开。"当然，吵完架后爸爸妈妈的关系有没有受影响，影响有没有大到足以让他们分开，孩子也是能看出来的。另外，因为同样的道理，不要常常把离婚放在嘴边。

有孩子后的夫妻关系，虽然有一些特定的问题，但总的来说，任何夫妻相处都需要把握下面两个最重要的原则：

1. 互相尊重，让彼此在婚姻关系中都可以做自己。

没有两个人是完全一样的，而尊重也是在两个人显示出不同时才具有意义。尊重的意思是，我愿意让你做你喜欢的事情，虽然我不赞同你的意见。这表示，在意见有分歧时，我们可以争论，如果争论完了还是不一致，那么你有权利做你认可的，我也有权利做我喜欢的。因为互相尊重，我们都可以在婚姻关系中做自己。但如果没有尊重，非要你照着我的意思做，夫妻关系就会变成一种竞争，"到底是你让我，还是我让你？"这样的结果是，有时候我不能做自己，有时候你不能做自己，长期下来，彼此心中都会累积很多不好的情绪和意见。

所以，夫妻关系要长久、要舒服，尊重必须排在第一位，必须给对方"不同意我"的权利。

2. 因为爱的缘故，我们愿意做一些妥协，而爱的感觉一定要在互相滋养的过程里找到。

在某些事情上，我们有分歧，但又必须听从一个人的决定时，我们要学会做一些妥协，而妥协是因为爱的缘故。所以两个人如何一直维护爱的感觉是一门大学问。

简单来说，双方都需要在婚姻关系中得到被滋养的感觉。这种感觉必须是相互的，我可以感觉到你照顾我、体贴我、关心我、爱我，同样我也会刻意做一些事情滋养你。我愿意去了解你需要什么、喜欢什么、期望什么，然后用行动去满足你。

其实结婚之前，谈恋爱的男女之间自然而然会做这些事情，大量用爱的行为滋养对方。知道你爱听这样的话，我就讲给你听。注意对方喜欢什么，然后就买下来送给他。知道对方的爱好是什么，然后尝试去了解。而爱的感觉，就是在这样互相滋养的过程中培养出来的。可是结婚之后，特别是有了孩子之后，很多人忘记这些事仍需继续，因为单单起初那点爱，不够维持一生。所以，虽然有孩子之后我们不需要像婚前一样密集地做这些事情，但还是要有意识地做一些。

在彼此滋养的过程中，有两种不成熟的心态需要警惕：首先，我做到了这个度，于是要求你也做到这个度，否则我不愿继续。我不能欣赏你也做出的努力，却过于计较多少的问题。其次，我都是用我自己认为好的方式对待你，我很少关注你需要什么，只是觉得"这样对你好"，所以就用这个方法。

Q：都说宝宝是夫妻俩的黏合剂，但为什么有了宝宝后，我和老公的摩擦反而越来越多？特别是在如何教育孩子的问题上。比如老公很反感女儿耍赖或者以哭为武器达到自己目的的行为。而他处理这些行为的方式总是大声呵斥，我不太赞同他的这种方式，但是又觉得这和他的性格以及家庭背景有关，不是简单交流就能改善的。我该怎么办？

A：这种现象确实经常出现。

孩子出生以后，一方面，夫妻俩终于有了共同的小生命，可另一方面，爸爸妈妈很容易把过多的时间放在孩子身上，夫妻俩单独在一起的时间大大减少，这会导致你们之间的关系没有过去那么融洽。尤其是妈妈更容易这样，可爸爸又不太好说出来，因为那毕竟也是他的孩子，事实上很多丈夫是会嫉妒小孩的。

夫妻俩教育孩子的方式有所不同也是必然的，大家都想把"我成长的那一套""妈妈交给我的那一套"复制在孩子身上，而我们又没有办法容纳对方不同的观点和方式。又因为我们没什么两个人的时间来做沟通，"不同"就变成了"矛盾"。

所以，知道了这一点就要注意，我们一定要花时间和丈夫在一起，哪怕是讨论讨论小孩的问题。当有分歧的时候，不管你是不是愿意按他说的做，至少要听听他的看法、意见，即使你不认可丈夫的做法，也不要太纠结、太较真，笑笑就好。等到引起矛盾的那件事过去后，再找机会沟通。而且，能沟通的尽量沟通，要让他知道你不赞成他的做法，但尊重他按自己的方式去做。

有时候，我们过于保护孩子，担心他小小的心灵会因此受伤害，但事实上这种担心有点过头。孩子在家里是很有安全感的，而且基本上只要妈妈是安全的，世界就是安全的，其他的不安全都是小事情。

另外，我们也可以让孩子学习面对不一样的人，他不可能一直生活在真空里。你可以引导孩子说："爸爸生气了，你要怎么办呢？"

她可以学着接受爸爸会凶她，并且不是每个人都必须和颜悦色地对她讲话。有些人生气了，就是会很大声地说话。重要的是，要让孩子知道，爸爸不是不喜欢她，而是不喜欢她做的一些事情。你可以对她说："如果你觉得自己没有做错，那你就可以心安理得。如果你觉得做错了，那就要改正。如果你不确定对错，就来问妈妈。"

如果孩子不喜欢爸爸这样对她，她也可以学习怎样跟爸爸沟通，怎样为自己辩白，既不让爸爸有被顶撞的感觉，又可以真正听进去他的话。比如可以先想办法让爸爸心情变好，然后跟爸爸解释，"刚才我是怎样怎样……"

将来在幼儿园万一碰到很凶的老师也是这样，能接受的就接受，需要解释的时候，也要用平静的语气跟老师解释。

不要让孩子变得过于骄纵，不要因为家里其他人怎样对小孩，你就不高兴，家里人跟她沟通的方式，将来在外面都会碰到，家庭就是一个真实的小社会，所以不如早点在家里学习一下。比如碰到讲话方式比较伤人的阿姨、姑姑，怎么办？可以学习应对的就应对，也可以学习躲开，不是每个人都必须去讨好的。其实懂得交流的孩子已经可以开始慢慢学习怎样和对方沟通，学习不卑不亢地做人。

Q：我儿子2岁3个月，孩子半岁时我和他爸爸离婚，之后他爸爸就再没来看过他。有时候别人问他："你爸爸呢？"他总是一脸的茫然。可我也不知道该怎么跟孩子解释离婚这件事，他肯定听不懂。等孩子将来再大点，我应该怎样跟他解释这件事？

A：当你觉得孩子理解力够的时候，简单告诉孩子这样一件事："一个男人和一个女人，本来不认识，也没有血缘关系，完全是因为相爱才在一起，才结婚的，也是因为相爱才生下了你。所以，你是爸爸妈妈相爱的结果。可是，后来发生了一些事情，我们不能相爱了，所以只好分开。就好像你本来和一个朋友很好，但后来你们吵架了，虽然你们很无奈，但还是不能一起玩了。爸爸妈妈分开以后，我们都同意由妈妈来抚养你比较好，所以你跟妈妈生活在一起。"

对2岁多的孩子说这些，他也许听不懂，但没关系，讲好你的那个部分就可以，因为这些话确实是事实，你并没有说不对的话。

另外，孩子这么小，爸爸妈妈就离婚了，离婚前你们一定吵得很厉害，虽然孩子不明白你们在吵什么，但他知道你们是在吵架，然后还很容易以为是因为自己，爸爸妈妈才吵架的。有时候，成人吵架也会骂孩子吵、烦之类，这时候孩子更容易往自己身上揽，以为是因为自己不可爱、不乖、常常哭，才弄得爸爸妈妈吵架。所以，你要跟孩子确认："爸爸妈妈决定分开，只跟我们自己有关系，是我们俩相处的问题，不是因为你不好。"

至于面对别人问"你爸爸呢"这样的问题，你需要告诉孩子的是："你可以选择回答，或者不回答。不是所有问题，你都一定要回答的。"

Q：我跟老公的教育理念截然相反。我因为个人成长的经历和这些年学习的结果，认为对孩子应该比较宽松，要尊重孩子。老公的观念比较传统，认为对孩子必须严格管教。因为价值观上还存在差异，所以我们虽然经过了一些沟通，但几乎没有效果。比如我认为可以给孩子吃点零食，老公认为出于健康考虑，绝对不可以。有时候当着孩子的面，我们俩都能吵起来。后来我想与其在孩子面前吵架，不如让着老公，但长此以往我又认为不利于孩子的成长。我该怎么办？

A：基本上来说，可以沟通的沟通，沟通不了的，丈夫要坚持自己的做法也不要紧。我照顾孩子的时候按我的方法来，丈夫照顾孩子的时候按他自己的方法来。总之，可以交换意见，但不应为强求两个人的一致而争吵。爸爸严格，妈妈宽松，孩子要学习应对两种不同的方式，这也是一种成长。

另外，我们要从孩子的表现中来判断父母的做法是不是好！严格或是宽松，很难一口咬定哪个绝对比较好。也许有的父亲很严格，但孩子却跟他很亲，这表示父亲的分寸拿捏得还不错。或者，因为父亲的严格，孩子跟父亲非常疏远，父亲就要意识到自己需要调整，这对父亲来说也是一种学习。

或者母亲也一样，给孩子空间当然是好的，但如果让"宽松"变成一种"纵容"，孩子的行为变得没有边界，同样是需要调整的。所以，这是一个互相学习的过程。

不过，上面所说的一切是在"我们尽量沟通但无效"的基础上才成立的。这是一个"权衡利弊取其轻"的做法。在一个小家庭里，如果父母很容易就在养育孩子的态度上达成一致当然很好，只是两个不同的人，有着不同的成长经历和价值观，想让对方立刻认同不是一件容易的事。此时，如果非得强求一致，甚至不惜破坏夫妻关系，那是绝对不值得的。对于小孩来说，爸爸和妈妈，或者爸爸妈妈和其他家人之间的互相尊重，比任何分歧本身都更重要。所以，再次面对有关小孩的分歧时，你可以问问自己：是穿几件衣服更重要？还是彼此尊重的夫妻关系更重要？关系，永远比具体的事情重要。举个例子，如果能让学校的老师都跟我们一样，对孩子有很多的尊重、很多的宽容，那固然是好的，但如果不能，难道你要去找老师吵架吗？吵架只能让情况更糟，所以还不如退而求其次，让孩子自己学习去应对。

如果说在安全感的给予方面,妈妈比爸爸更重要。那么在肯定和认同这个部分,爸爸的重要性要大过母亲。……满 3 周岁的女孩开始对爸爸有大量的需求,她很希望多和爸爸在一起,希望得到爸爸的肯定、赞美、认同,希望爸爸对她说"女儿很漂亮""女儿很乖""爸爸很喜欢这个女儿"……如果孩子对爸爸的这些渴望得不到满足,就比较容易感觉失落,然后用吃来填补。

Q：记忆中，小时候我的父母总是在吵架，那时候我就发誓，将来有了小孩一定不让他看到爸爸妈妈面目狰狞地争吵。所以当了妈妈后，不管老公如何指责我，也不管谁对谁错，我都忍着自己的不满，带孩子躲开他，避免和他发生正面冲突。可时间长了，难免觉得委屈，我该怎么办？

A：孩子不需要父母为了他忍气吞声，他需要知道的是，以后遇到这样的情况应该如何处理。

虽然妈妈没有出声，但孩子通过观察表情，可以看出妈妈生气了，但是却在逃避。而且，当孩子跟妈妈的关系比较好时，会认为这是面对矛盾的好办法，耳濡目染之下她长大后也会学着压抑、不表达情绪。

有情绪的那一刻怎么办？妈妈当着孩子的面对爸爸说："我了解你现在很生气。但我不希望你这样说，因为你这样也会让我很生气。你看孩子在这儿，现在可能不太适合当着他的面谈这个问题。我们要不要换个地方或者换个时间谈？"

妈妈这样说，既照顾到了爸爸，又照顾到了自己，还照顾到了孩子。

妈妈忍气吞声的态度，或者为了息事宁人说"好了好了，算你对"之类的话，看似在忍让，其实会让爸爸很不舒服，让他感觉妈妈在避免和他谈话。相反，上面那些话所表达的意思是：我愿意和你谈谈，只是现在这个时间不太合适。

在表达自己的意见时，妈妈越平静越好，但声音大点也无所谓，因为不是所有妈妈都能马上达到那个修为，重点是让孩子看到，妈妈在表达！即使妈妈不高兴也没有完全失控，她照顾到了周围其他人。这样，孩子会慢慢学到，当自己生气的时候，可以让对方知道自己还没有整理好，想清楚了之后会找对方谈。

事后找爸爸谈的时候，首先谈谈他的不愉快，让爸爸先说，说的过程中妈妈不要急着为自己辩解，而是听着，然后澄清爸爸的意思，比如："你的意思是不是……？"女人和男人来自不同星球，所以妈妈听到的，和爸爸想表达的可能不是一回事，所以澄清的过程很重要。确认自己没有误解爸爸的意思后才开始讲自己的想法，同样也要求爸爸弄明白妈妈的意思后再表达意见。最后，把解决问题的所有可能性方案都摆出来，尽量协商解决。

其次，妈妈还需要对爸爸说："以后孩子在的时候，能不能不要用那样的口气说话？"类似的话不要当着孩子的面说，否则爸爸很可能感觉在孩子面前受到了指责，没面子。

7. 妈妈的自我成长和支持

有一个数据：患忧郁症的女人和男人的比例是 5:1，而女人当中患忧郁症风险最高的是 3 岁以内孩子的妈妈。这个数据的意思是，女人在步入妈妈这个阶段后，会面临很大的情绪挑战；但从另外一个方面来说，这又是处理曾经积压的情绪和问题的一个机会。

一方面，女人在这个阶段身体变化太大，再加上照顾孩子非常辛苦，让妈妈的身体大大透支，情绪状态很难把控；另一方面，出于对孩子的爱，妈妈又容易对自己提出较以前更高的要求。在这样的双重压力下，妈妈需要不断自觉地去观察自己、调节状态。强烈推荐妈妈做到以下几点。

1. 运动

对于孩子在 3 岁以内的妈妈来说，激素是影响情绪的最大力量之一，因此运动就变成改善情绪的最有效方法。因为运动是唯一一种能帮助我们分泌平衡心理的激素的行为。

但这样的运动有一定的要求，就是必须持续30～45分钟，因为30分钟以内的运动只能让我们的骨骼松动一下，只有持续到30分钟以上，身体开始发热，并微微出一点汗时，调整情绪的激素才能被激发出来。

因此，推荐快走（比散步快一点的速度）和瑜伽这类运动量不是太大的运动，否则会给妈妈造成负担。

另外，一星期至少要保证五天运动。如果肯坚持，妈妈很快会看到自己整个人的身体、精神、情绪有很大改变。

2. 保证休息

每周至少半天，把孩子交给让你放心的人，自己去做一些喜欢、放松的事情。这也是快速充电的办法之一。不管高级的、低俗的、安静的、热闹的，总之一定要挑让自己最开心的事情去做。整个人的身心从与孩子相关的琐事中抽离出来，只是好好享受自己的时光，和自己待在一起。当然，如果有爸爸以外的人可以帮你看管孩子，和丈夫待在一起，做你们喜欢的事情，也非常好。不管我们怎么爱孩子，怎么愿意进入孩子的世界，成人就是成人，除了"孩子时光"，我们一定需要有属于成年人的活动和时间。

3. 身体觉察

不管我们在照顾小婴儿，还是做家务、工作，一定要量力而行。有时候，因为我们太要强而忽略了自己能力的底线，总觉得撑一下就过去了。孩子喜欢我们的陪伴，我们就变成

24小时贴身保姆，老公夸我们饭做得好吃，我们就拼了命每天都自己做……我们会有很多欺瞒自己头脑的借口，但身体却是一面最真实、准确的镜子，行就是行，不行就是不行。当你总是感觉身体疲倦时，就已经是必须做出调整的最后信号了。学习很多东西，当然可以让人进步，但平衡更重要。当身体感觉不舒服时，便要果断地把一些工作塞给老公或花钱雇人去做。

4. 和家人保持沟通

和人的相处，特别是亲密关系中的相处，会直接影响每个人的情绪。所以，如何和家人沟通、相处，会对妈妈的情绪有极大的影响。我们要尽量做到和家人保持一致性沟通[①]，不指责、不攻击、不讨好，如实地说出自己的感受、需求，不要等到情绪太满，忍无可忍时才用怒气去沟通。

5. 找出情绪根源

任何情绪"爆炸"的根源其实都指向我们内在原本就没有处理好的问题。妈妈心力不够时，暂时不用去管这个问题，但一旦我们的生命能量回来，妈妈一定要回过头问问自己："我的情绪垃圾到底是从哪里来的？"它可能从工作来，可

[①] 一致性沟通：萨提亚理论认为，任何一种沟通都包含着两方面的信息，即语言方面的和情感方面的，或是说非语言方面的，非语言信息往往反映了人们内心的真实状态。当人们的语言信息与非语言信息一致时，称之为"一致性的沟通"。

能从人际关系来，可能从很低的自我价值感来，可能从童年的经历来……总之，这个根本性的问题不解决，情绪就像滚雪球，越滚越大，碰到契机就会爆发。

Q：结束一天的工作回到家里时总是很疲惫，尤其是这段时间，工作中不顺心的事特别多，所以在我感觉情绪很容易被"点燃"的时候，就会想自己安静一会儿。可是当我对儿子说"妈妈想去房间休息一会儿"时，他根本不让。我该怎么办？

A：孩子有很灵敏的"雷达"，所以妈妈很难在他面前隐藏情绪。也许他还会因为你的不安，而变得更加捣蛋。

当妈妈发现自己确实有情绪需要安静地处理一下时，我们可以对孩子说："妈妈现在心情不好，需要自己待一会儿。妈妈就在那个角落，你可以看到妈妈。"

3岁以内的孩子会希望妈妈一回到家后，就可以一直看着妈妈，所以很难接受妈妈独自待在房间里。待在一个孩子可以随时看见你的角落是更好的选择。当妈妈对孩子解释清楚之后，孩子会知道情绪是妈妈的事情，和自己无关，也会有耐心等妈妈。除非心里感觉害怕，他才会一直不放开你，要求跟你讲话，跟你联结。

事后妈妈有精力的时候，还可以做一些卡片，和孩子玩情绪表达的游戏。比如用颜色代表情绪是一种不错的方式。

妈妈可以做好 4 种不同颜色的圆形卡片，分别代表最常见的 4 种情绪：快乐、生气、伤心、害怕。

平时和孩子玩时就教给他一种颜色代表一种情绪。比如对他说："如果妈妈回来时，在门框上挂着一张红色的卡片，就表示妈妈心情不好，需要在角落里待一会儿。宝宝可以先自己玩一会儿，不要来打扰妈妈。"等孩子大一些，妈妈还可以在卡片上画上不同表情的人脸，代表不同的情绪。

Q：3 岁的儿子最近总惹我生气。比如我们一起出去玩，到了回家时间他却不肯回，我要是多说几句，他还会嚷嚷"坏妈妈"，甚至往我身上扔石子。我气不过就会打他几下，可事后又非常后悔。我该怎么调节自己的状态？

A：3 岁的孩子最爱说"坏妈妈"。对他来说，妈妈不是好的，就是坏的。

有情绪的那一刻，怎么办？忍得住不打最好，如果没忍住就接受自己。最好的办法是告诉孩子："你打了妈妈，妈妈很生气。"但如果没有忍住，打了孩子一下，就接受自己吧！只是打了一下的话，不能对孩子道歉，因为孩子的头脑很简单，在他看来，道歉就代表妈妈不该打，自己没做错。而事实上，孩子确实做错事了。但如果是暴打的话，那就是另外一回事了。暴打绝对不是教育的行为，而是因为妈妈积累了很多情绪，借孩子不听话这个机会来发泄。这种情况下一定要向孩子道歉:"虽然你做错了,但妈妈的处理方式也是错的。"

当然,最终也是最重要的是,要慢慢通过修炼,让自己做到动口不动手。

Q:我的工作很忙,每天最多只有两个小时和孩子待在一起,有时周末都得加班。都说孩子在3岁前需要妈妈多花些时间陪伴,现在我的孩子才1岁,我担心这样对孩子的心理健康特别不利,也因此常常感到很内疚。可我确实没有办法辞职在家陪他,这样真的对孩子不好吗?我可以做哪些事情来弥补?

A:如果每天都可以保证两个小时陪孩子,而周末虽然有时要加班但空余时间还是比较多的话,我觉得还是可以的。

我的孩子很小时,我基本都在家陪他们,但也有一年的时间,我既要工作又要学习,每天下午5点多才回家,只能陪他们玩两个小时,包括喂他们吃东西,做游戏,唱歌,散步,听他们说话,洗澡,给他们讲故事,然后睡觉。在这段时间里,其他什么事情我都不做,也不去教他们学东西,只是完完全全地把时间给他们,和他们在一起。我能感觉到他们非常满足,也非常愉快,孩子在那段时间里既不淘气也不黏人,这说明他们得到的心理营养是够的。

所以,如果时间有限,觉得自己跟孩子在一起的时间很少,那么,在有限的时间里,妈妈就不要再做其他事情,而要花时间和孩子沟通，待在一起，抱抱，玩玩，和孩子建立亲密的关系比学东西重要得多。有些妈妈因为觉得时间紧张，回家赶紧教孩子这个那个，这不是和孩子在一起。

妈妈观察孩子的表现，如果发现他没有行为偏差，与别人的互动不错，情绪也很好，就说明妈妈给的时间和关注没有问题。

当然，孩子3岁前，妈妈陪在身边的时间肯定是越多越好。因为孩子这时把自己和妈妈看作一体，他并不知道他和妈妈是分开的，所以当妈妈不在时他会慌，然后找其他"重要他人"（比如奶奶、保姆），或者"过渡性重要他人"（比如妈妈身上的东西，或者软软、毛茸茸的玩具）。当妈妈一直在身边时，孩子得到的心理营养更多，他也不需要因为妈妈不在身边而去做一些心理调整。这种情况下，妈妈也不需要刻意做很多事情，当孩子来找你时，你和他说说话，玩一下就可以，重要的是他知道妈妈在那里。

但问题是，当妈妈真的没办法，只能拿出两个小时和孩子互动时，这段时间就必须专注，给孩子一个肯定：妈妈和他在一起，妈妈没有抛弃他。据我的观察，只要妈妈能让孩子感觉到他至少有一段时间绝对拥有你，孩子就不会有问题。

每个妈妈都在尽自己最大的努力养育孩子，所以不必活在内疚里。你越内疚，越难拿捏养育孩子的分寸，越容易过度地做一些事情，这反倒不好。只要尽你所能，而孩子又没有问题，那么就放心卸掉自己的担心和内疚吧！

Q：我的工作压力非常大，尤其是在每个工作周期里最忙的那几天。所以，回到家的时候总是又累又烦。心情稍微轻松一点的时候还好，能耐心陪女儿玩，但有的时候真的意识不到自己有多烦，孩子犯一点错误，比如怎么哄都不吃饭、乱扔东西，我就会大发脾气。可我觉得这样对孩子太不公平了，事后也总是很后悔，可当时就是怎么也控制不住。我该怎么办？

A：面对上司，有再大的气，我们可以一口把它吞下去，但回到家里，一点小事都让我们对孩子大发脾气，因为孩子对我们来说，是最安全的。

1. 孩子容易成为情绪的"箭靶"

孩子不会攻击我们，不会对我们造成威胁。所以，领导受气了，发泄在员工身上，员工带着被无缘无故训斥的情绪回到家里，丈夫对妻子发脾气，妻子又对孩子发脾气。大家都在找对自己安全的人发泄，那么最后谁是所有这些情绪的承接人呢？一定是孩子。负面情绪一层层往下走，最后整个国家和社会的气都发泄在孩子身上。

当然，很多爸爸或妈妈突然发脾气，是因为完全没有意识到自己累积了情绪，比如看到小孩做错事情，打小孩，你以为是小孩的行为引发的情绪，所以管教他，实际上，孩子的不乖只是最后一根稻草，一压上去，你就爆炸了。

要分辨你是在拿孩子出气，还是在管教他，非常容易。当孩子做错一件事情时，你发现自己怒不可遏，气一下子就冲上来，完全不可控制，而且持续时间长，也就是说，你教训孩子不是一下两下就结束的话，就说明一定是累积了情绪。但如果只是管教，你看到一个错误时也会生气，但几秒钟就过去了，没有失控。你不但知道自己生气了，而且有足够的时间思考你该怎么处理。

很多人没有缓冲期思考这个问题，大脑只是一片空白，如果是这样，你就要问自己："什么事情让我累积了这么多情绪？"

2. 释放和转化负面情绪

要避免拿孩子出气，爸爸妈妈首先需要对情绪有警觉性，并且在回家前处理掉负面情绪。等到有太多情绪垃圾时，就会因为一件事变得忍无可忍，那时候，绝对不是一堆大道理就能让人忍住脾气的。

所以，我们应该在情绪累积还没有那么厉害的时候，学习处理自己的情绪，甚至一发现有情绪就要处理。比如直接去找相关的人谈谈看，看能不能改善状况，这是最勇敢的方法。如果确实没有办法改变环境，比如不可能辞职或者把婆婆赶走，那么就只能用比较消极的方法来转化情绪，而不是让孩子承担。

转化的方法有三种：一是用文字的方法，包括说出来、写出来、画出来。你可以找朋友聊天，可以写博客或日记，也可以随便乱画，每天画一张，这都能帮助抚平你的情绪。二是把情绪变成动能，比如运动、逛街，左看看右看看。三是把情绪变成声能，比如唱歌。

情绪来时，忍是忍不住的，只能趁机把情绪释放出来，释放的途径基本就是这几种。这也是我们生气了会骂人、打人的原因，骂人其实是声能的发泄，打人是动能的发泄，只不过这些都是不好的转化。

3. 情绪来临那一刻及过后的功课

每个人在失控前都应该有一点点时间让自己知道：糟糕！控制不了！一旦发现自己大脑一片空白，要做的第一件事情就是马上离开这个地方。离开了，气就会下来，这样也避免让小孩遭殃。

过后，你一定要回头看看，这种情况的发生，是什么人、什么事引起的，然后做个决定：要怎么处理？是面对它？还是转化它？如果我们增加了这份觉察力，世界上就会少很多悲剧，也会避免丈夫对妻子，妻子对小孩，小孩对小小孩，这层层关系的破坏。

而这份觉察力首先是从知识来的。一般的人，没有办法单单用自己的脑袋想就能想明白，比较便捷的方法是获得知识。比如你发现自己的情绪控制力很差，那么就要去多看点书，了解什么是情绪、如何处理情绪。没人教、不看书，单凭自己想不了那么齐全。只有当你先知道情绪是怎么回事，才可能在它到来的时候迅速辨认出它。

Q：之前看到很多人生完宝宝后会抑郁，我一直都觉得自己不会是其中一员，但现在生完宝宝快20天了，才发现根本不是那么一回事。宝宝黄疸，抽一次血，我哭一次。宝宝着急喝不到奶，哇哇抗议，我跟着哭。宝宝呛奶，奶从鼻子里呛出来，我也哭。晚上大脑也一直紧绷着，听到一点声响就会紧张地看看宝宝，根本睡不好觉，导致头痛，可是越想睡就越睡不着，睡不着时也会哭。老公回家，安慰了几句，我突然觉得很累，抱着老公又哭了……我真的觉得自己快得忧郁症了。很多人说3个月过后就会好。真的是这样吗？

A：这的确是轻微的忧郁症状。16周过后会自然好，因为忧郁症的病症周期就是16周。

当你第一次经历忧郁症，没有太多知识时，最重要的事情就是不要害怕，接着告诉自己：这表示我需要休息，然后就允许自己休息，做一些自己喜欢，能让自己安静下来的事情。

这就像伤风感冒的周期是一周左右一样，所有病症都有一个周期，而忧郁症的周期稍长一些，只要你不胡思乱想，不害怕，知识足够，做一些简单的运动（散步、走路），16周后自然会好转。那些情况恶化的，通常都是因为自己吓自己，觉得自己"得了精神疾病了，完了，怎么办？"因而寝食难安，病情加重。

1. 都是激素惹的祸！

我们不妨来了解一下忧郁症的来龙去脉！

忧郁症在很大程度上，是身体原因导致的，确切地说是激素惹的祸。身体细胞修复、情绪管理和脑神经运作所需要的，是同一种激素。当妈妈生孩子，做手术，身体要动用到很多激素时，用在情绪管理上的激素就不够了，这样情绪就很容易出问题。因此，那些本来就积累了情绪问题的人，就容易患上忧郁症。更严重的是，情绪管理所需要的激素不够时，它还会去脑神经那里抢夺。脑神经负责的功能包括：执行力、记忆力、专注力、认知能力，所以当你的脑神经被抢走了生化物质，功能就会受影响，你的专注力变差，学习能力降低，本来两个小时可以做好的工作，现在一整天都做不好。

2. 让情绪更干净！

怀孕、手术不可避免，生理方面的因素我们无法控制，脑神经我们也管不了，唯一可以想办法的就是情绪！

不管是怀孕、做手术或是将来遇上更年期，即使身体需要的激素再多，当我们的情绪干净时，就不需要动用激素来特别做情绪管理，这样即使情绪可以拿到的激素再少，你都不会有问题，情绪也不会因此受到影响。但假如我们一直有很多情绪，就需要很多激素来帮我们做情绪调整。

话说回来，即使出现情绪问题，掉进忧郁症，也没有关系，只要好好休息，别胡思乱想，身体、情绪、脑神经都会慢慢恢复。如果再加上一点运动，促使脑神经生化物质的恢复，那会更好。科学实验上已经证明过很多次，运动与吃药的效果同样好，都是为了比较快地增加脑神经的生化物质。

3. 了解和应对产后忧郁症

新妈妈出现轻微忧郁症的比例不低，一点忧郁症状都没有的妈妈大概占 20%，严重的也有 20%，其他都是轻微有一点。当然这种轻微的程度也有区别。

新妈妈的生活的确有一些变化，但简单来说，其实就是多了一个孩子。即使没有这个变化，我们每天的生活也在面临各种问题，也有各种不确定的因素。我们之所以不能承受这种不确定性，说回来还是与激素有关，与外在环境的变化关系不大。正是因为激素不够，才让你有轻微忧郁，让你成天担心：明天怎么办？新的一天，孩子会怎么样？你没有问题时，是不会有这些担心的。

那些觉得自己不会经历忧郁症，但事实上却经历了的，其实是因为我们对自己不够了解，对自己压抑情绪的状态没有察觉，直到碰到一件事才爆发出来。

在自己需要时，完全可以要求家人帮忙。与其让他们乱猜，不如直接告诉他们：你觉得他们怎么对待你，是你希望的，是对你有帮助的。你可以坦白地说："我觉得可能因为生孩子，生理上受影响，所以我的情绪处理得不太好，我需要更多的休息。我情绪比较差时，也需要你们多体谅。只要你们告诉我：'不要紧，相信会过去的。'就会帮到我，而不需要建议我这样那样。"因为，妈妈这时候需要的只是一点自己的空间，一句理解的话。

Q：面对要不要让孩子善良的问题，我常常很矛盾。有时候觉得，善良是很好的品质，即使吃亏，依然要让孩子善良。但有的时候又因为孩子善良吃亏的事情而心疼。我自己曾经就深深体会过因为善良受到的伤害。这种矛盾的心态应该如何摆正？

A：有一句话说：善良像鸽子，灵巧像蛇。这是说，善良一定要配合上聪明智慧，我们的善良一定要有弹性，要有底线。所以，我们教孩子善良的同时，一定要教孩子灵巧。否则，这样的善良一定会被人利用，也不会持续下去。

灵巧的意思是，弹性地处理问题，懂得分辨一件事情会不会给自己带来伤害，而不是根据一个规矩、一条原则、一个道理，来做让我们不高兴、有可能伤害自己的事情。有了灵巧，我们就不会吃那么多亏，就懂得分辨，就能在收获快乐的推动下，一直做善良的事。

另外萨提亚有一个观念：当我们做善良的事情时，就是在和自己的生命力联结！那一刻，我应该是快乐的，否则的话，它可能不叫善良，它也许叫软弱、叫讨好、叫迁就、叫忍受。

所以不管是自己，还是教导孩子，在做出决定之前，请先问自己：一是这件事会不会带来危险？二是这件事会不会让自己开心？如果心里感觉到委屈，那件事就不用做了。做善良的事情收获的一定是快乐，如果收获不到快乐，那个善良没有意义。所以，是不是能带来快乐，基本就是你决定要不要做一件善良的事的指标。甚至，你都不用去管那件事情有多好、多善良，只要你知道自己做了会不快乐，你就去告诉别人"不要""不行"。

这样，要不要教孩子善良就变成了很容易的一件事，教会孩子问自己：快乐吗？如果不快乐，即使别人讲一大堆道理，你都可以拒绝。

Q：为什么我们这代人对父母有那么多不满和抱怨？尤其是在老人帮我们带孩子之后，矛盾会不断激化，而我们最不想看到的就是：自己和老人的矛盾暴露在孩子面前！这个矛盾处理不好，对孩子带来的负面影响是毋庸置疑的。所以，我们究竟应该做些什么来和父母和解？

A：可以说，我们父母这代人是比较特殊的一代，他们

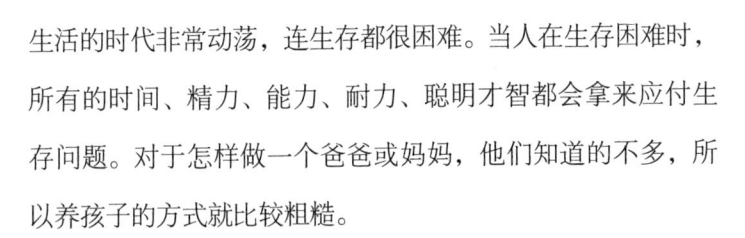

生活的时代非常动荡，连生存都很困难。当人在生存困难时，所有的时间、精力、能力、耐力、聪明才智都会拿来应付生存问题。对于怎样做一个爸爸或妈妈，他们知道的不多，所以养孩子的方式就比较粗糙。

另外，在这样的环境中，他们内心充满了恐惧和不安定，而人在恐惧的心理状态下，最常做的事情就是控制，控制越多，感觉越安全。那么选择谁来控制呢？丈夫或妻子，同事或朋友……其他成人是那么容易被控制的吗？不是。因此，孩子很自然地成为被控制的对象。

这样的控制习惯，一路延续到孩子成人之后，直到孩子的孩子都已经出生了，我们的父母仍然希望一切可以由他们说了算，而这时我们已经不愿意了，希望自己的事情，包括孩子的事情可以让自己做主。

1. 首先，我们要了解父母的问题从何而来，理解他们的困境，不过理智上的理解并不能帮助解决实际问题。

从理智上理解父母，并不能让我们真正转变对父母的态度。

如果我的父母控制我，尤其是我知道他们控制我，是因为他们觉得我是安全的对象，可以由他控制，我怎么可能不抵抗？而当父母亲控制孩子时，即使是已经成人的孩子都是很难抵抗的。我一直在被控制的感觉中，怎么可能会没有情绪？当我有很多情绪时，当然没办法用理智来控制自己理解父母生活的时代，理解他们其实也是因为没安全感！相处中积累的太多情绪,是不能依靠理智来消除的。

2. 从根本上解决问题,要先处理长时间和父母相处以来积累的过多情绪。

情绪一定要先处理一下,我内在的苦,我的痛苦和难过,一定要跟一个人说说,要被了解,这有助于我们放下情绪。不然的话,我一直是那个体谅别人的人,那谁来体谅我?我总要有机会讲讲,吐吐苦水吧?否则,一直深陷情绪之中,我好好跟父母讲一句话的能力都没有。

短时间的、粗浅的情绪可以通过找朋友聊天、逛街、运动、写日记、画画这类方式疏解。但实际上,对父母的情绪是从我们小时候就积累起来的,这个部分就不那么好处理,只能通过看书、上课、做咨询去处理,看看那些情绪到底从哪里来,应该怎样放下它们。

不管通过哪种途径处理,我们的改变一定要是在"心"的层面,而不是在"脑"的层面。有时候,我们看完一本书,或者听完一个演讲,很容易"哇,原来是这样",或者"啊,我明白了",好像什么都想通了一样,但是改变根本没有发生。知识只作用于你的大脑,是没有用的,心和身体根本不支持。只有当你看书或者听课时,你的心被震动、被感动,真正的改变才会发生。

要得到心的改变,首先写书的人、讲课的人,必须是从心的感受用心去讲述,而不只是在头脑层面,给你输送一些

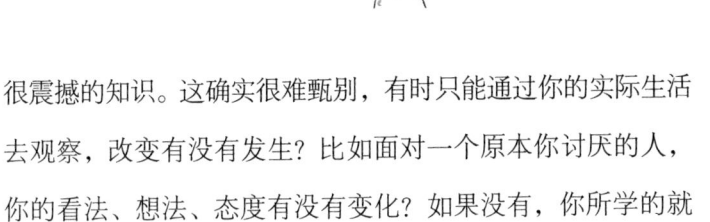

很震撼的知识。这确实很难甄别，有时只能通过你的实际生活去观察，改变有没有发生？比如面对一个原本你讨厌的人，你的看法、想法、态度有没有变化？如果没有，你所学的就只是停留在头脑层面的知识而已。

3. 真正的放下，需要我们成为一个"有能力对父母的控制说不"的人。

假如我们还没有能力对父母的控制说不，我们一看到父母的那种眼神、那种企图，我们肯定就会有很多情绪，很多反应。

只有当父母企图控制我时，我能够和他们进行沟通，告诉父母"我很爱你，但是现在这个要求我不能满足"，而且这样说的时候没有一点内疚，我才能真正放下父母对我的控制。因为我既能明白过去他们为什么要控制我，更重要的是：我现在已经有能力拒绝这样的控制！一天没有拒绝的能力，一天我的情绪就很难完全放下。

"我不受你的控制，我和你平等，你说什么都影响不到我，我能够的时候会说'是'，我不能够的时候会说'不'。"这样才能真正地放下，才能重新接纳父母，爱父母。

4. 学习一致性沟通，学习对父母说"不"。

对父母说"不"的能力，首先需要我们有勇气做第一次。其次，我们要问问自己：为什么要去做这个沟通？

我们不是为了发泄情绪去攻击父母，或者企图反过来控制父母，我们一定是为了一个更好的关系，我们是想告诉他们：我爱你，但我也要表达我的不同意。我来跟你谈，是想让你更加理解我。我们心里的好意，一定要传达给父母："我不同意，并不代表我不爱你，相反我非常爱你。"因为当我们真正爱一个人的时候，即使他做了你不认同的事情，我们依然爱他，否则，如果爱是基于"你必须做某件事情我才爱"，这不是真正的爱。

举个例子：爸爸不戒烟，我们就不爱他吗？肯定不是！所以当我们跟他说要他戒烟时，我们要表达的是："让你戒烟并不是表示我不爱你，我接纳你，只是希望你把烟戒掉。如果你戒掉，我会觉得很放心。不过即使你没有，我依然爱你。戒烟并不是我爱你的条件。"我们不一定要把这里面所有的"爱"说出口，但态度里要传达出这个意思。

如果我们不能做到一致性沟通，一定是因为有害怕。为什么很小的孩子能做到一致性沟通？因为他有信任，他相信只要没有恶意地表达自己就很好。我们成人要恢复"相信"的能力，相信我们自己已经是成人，别人已经影响不了我们的生存。相信我们和父母之间的关系，沟通中如果没有攻击性、没有控制对方的意思，就不会破坏关系。

相反，大家长期生活在一起，如果不能保持一致性沟通，总是去猜测对方的底线，猜测哪些话可以说，哪些不可以，关系一定会出问题。

当然，一致性地表达完了自己的意思，并不代表对方一定会听从你，就像孩子一致性地表达了生气，该不买的东西还是不能买一样。一致性，并不是我们控制对方的武器。

Q：儿子现在只有 11 个月，由外公外婆协助我带他。虽然年龄尚小，可是他的敏感、自尊心强的性格已经展露无遗。他急躁，我行我素较为严重。每天与他的相处我都充满了压力。我极力控制自己的情绪，但小到换尿片、洗脸、穿衣服，大到吃饭、洗澡他都不配合。对于这样的小孩我应该怎样和他相处？

A：一个 11 个月的孩子，你能希望他配合你做什么？孩子完全没有问题。妈妈只需要跟着他、顺着他就行了。

孩子在这个年龄完全跟随天性，跟着自己的感觉做一切事情，妈妈根本不能强扭他跟着我们的节奏来。这时候讲道理也完全无效，他的脑袋根本没能力判断："这是我妈，我要听她的。"这条路一定走不通。

我觉得这里面妈妈的问题比较大，妈妈似乎不知道怎么跟一个婴儿相处。妈妈应该学习：总的原则就是跟随孩子的需要。孩子饿了给他吃奶，他没有要吃的时候，就不要拼命塞给他吃。他想走路、想爬时，就给他走路、给他爬。不要按照我们的时间表校正小孩，"现在要这样，待会儿要那样。"尽量减少打扰孩子，哪怕是必要的卫生问题，比如饭前饭后要洗手,也要用比较愉快的方式、愉快的口气引导孩子:"来,我们一起玩玩水""你看,我们要把毛巾丢下去让它游泳了"……孩子可能听不懂你在说什么,但他可以从你的语气里感觉到洗手是一种玩水的游戏,非常有趣、不用紧张。小孩子比较容易对水有抗拒,所以洗澡也是一样,准备洗澡时,可以先放几只"小鸭子"在澡盆里,而不是一下子把孩子丢下水,这样他会害怕。也可以先洒一点水在我们自己脸上,说:"哇!好舒服。"这是在给孩子愉快的暗示。接着再沾一点点水,摸摸他的脸,说:"是不是很舒服?"就这样,循序渐进,慢慢让孩子接触水,而不是一盆水倒下来,弄得孩子脸和眼睛都很不舒服,这只会激化恐惧。

如果孩子不要吃你给他吃,孩子不要穿你给他穿,妈妈没有看孩子有没有不舒服、不高兴,那么妈妈跟孩子迟早会出现问题。

也许有的妈妈知道应该跟随孩子,但行动上却做不到。因为完全跟随孩子,对一些妈妈来说意味着完全失控。但妈妈一定要学习这一点,不然的话,孩子要么将来跟妈妈"闹"得很厉害,要么变得个性非常扭曲。当妈妈发现自己实在无法做到"跟随"时,可能真的需要找人聊聊,比如心理咨询师。

Q:工作太忙了,常常因为没时间陪孩子而产生内疚感,怎么办?

A：妈妈要有一个意识，其实每个妈妈都在尽自己最大的努力陪孩子。对孩子来说，最重要的还是陪伴的时间。

如果妈妈抽不出更多时间，那么她就只能抓紧下班后的那点有限时间，多些陪伴。陪伴指的是，和孩子说说话，听他说话，喂他吃饭，给他洗澡。不要因为时间紧张，而更加抓紧时间地教孩子学这学那，这对亲密关系的建立没有帮助。

时间有限，我们一定要知道这个时间拿来做什么。不要认为"我一定要亲手做饭给孩子吃"，这可不如你跟孩子说话、唱歌来得重要。也就是说，多做那些和孩子直接接触的陪伴，间接接触的事情交给别人。只要保证高质量的陪伴时间，你和孩子之间的亲密关系不会受太大影响。

已经做到了好的陪伴，仍然内疚，怎么面对它？只能接纳。

所谓的负面情绪，都是推动我们改变的动力。人的天性一定是走向快乐，避免痛苦，当我觉得"这个状态很不舒服"，它就会自然推动我们尝试改变。所以当妈妈内疚时，想想我能不能做点事情，改变这种状况，比如安排更多时间陪孩子。但是如果已经尝试了，却没有改变的可能的话，那就只能接纳自己的内疚。这份内疚是不能卸除的，就像我们生病时不能说"我没有病"一样。

没错！对越小的孩子来说，妈妈的时间越重要。但除了妈妈给的时间量，我们还应该把孩子的状态作为一个评判标准。孩子很快乐，没有情绪问题，没有行为偏差，没有和人交往的问题，即使陪伴时间不那么多，对孩子来说也是很好的。

相反，当孩子真的出现问题，你又不能给他时间，做妈妈的能不内疚吗？这个世界上没有一种叫作"非如此不可"的事情，尤其是时间、金钱，完全是一个选择的问题。当你的内疚足够大，你自然会减少工作量、减少应酬。当内疚并没有让你做出改变时，至少可以说，内疚没有你内心的某些需要重要。

不管妈妈最终做出的选择是什么，没有人可以批评她，因为每个人的情况都不相同。

Q：儿子现在2岁。周末偶尔有朋友约我出去逛街，家里的老人会极力反对。他们说我平时工作本来就忙，没多少时间陪孩子，到了周末就该24小时都陪着孩子。我很想出去跟朋友放松一会儿，可又觉得他们说得也有道理，总之左右为难。我该怎么办？

A：养孩子很累，但是再累，除了工作、孩子，一定要给自己一些时间，放放假，这很重要。

一个人在有限的资源里（有限的时间、有限的金钱……），要想达到平衡，需要照顾三件事情：照顾他人（孩子）、照顾情景（工作）、照顾自己。所以，请拿出一些时间，比如每周3小时，把孩子交给别人，放下工作，去逛逛街、看看电影，做些自己喜欢的事。

对于上班妈妈来说，一个大问题是，时间太少，给了工作，给了孩子，就没法给"我"。这不行，时间久了妈妈会有很多情绪，情绪的累积反过来会影响孩子和工作。所以即使是那些工作特别忙的妈妈，都不要忘记一星期最少给自己两三个小时完全属于自己的时间。

有时候，周围人会对妈妈说："你都这么忙了，还有时间逛街啊？"所以，你要在周围营造一种氛围：做妈妈的人，一定要有一点完全属于自己的时间，这会让妈妈变得很有力量。妈妈不能持续不断地一直给别人付出，她也要照顾自己。

孩子小的时候，那么爱你、信任你，这确实能给妈妈提供一部分能量，但还有一部分是孩子给不了的，那是你作为一个成人需要的东西。你可以和丈夫一起吃个饭，如果没有办法调配出两个人的时间，那么也可以约朋友喝咖啡、聊聊天，做点这种在别人看来"没什么用"的事情。就像我们用手机，总是要给它充几个小时的电，才能支持它工作好几天。

虽然这对于全职妈妈来说也同样适用，但对上班妈妈更加有意义，因为她们太容易因为内疚的原因忘记自己。看起来好像很伟大，但迟早会出问题。

Q：我是全职妈妈。孩子出生后，我觉得他是我生命中最重要的事情，于是毅然辞职，回家带孩子。虽然和孩子朝夕相处的几年，我感觉非常幸福，但偶尔听到某某同事升职的消息，还是会感觉失落，会想，"如果不是因为在家陪孩子，我未必比她差！"这种心态该如何调节？

A：虽然这种感受可以理解，但并不理智。时间花在什么地方，什么地方就会开花结果。

世界上最公平的就是时间。比如，当你把时间都花在头发上，每天拿梳子来梳理你的头发，左边 20 下，右边 20 下，前面 20 下，后面 20 下，你的头发看起来一定比较好。当你把时间放在脸上，脸有成果。放在人际关系的经营上，人脉有成果。放在孩子身上，孩子有成果。放在工作上，工作比较容易成功。

很自然地，当别人把时间放在工作上，取得的进展当然更多。但是，你有跟孩子在一起的快乐和经验啊，哪能希望不付出时间，却能得到收获呢？

如果时光倒流，你是否确定"这仍然是我的选择呢"？你花时间的地方，是否也已开花结果呢？不要贪心，心平气和地想想整件事，你可能就不那么容易不平衡了。

8. 父亲养育

虽然,"养孩子是妈妈的事"是许多人心底根深蒂固的观念,但近代心理学的大量研究提醒着我们一件事情:爸爸对孩子的自我形象、自我价值感的影响,比妈妈更大。也就是说,决定孩子未来"够不够自信?觉得自己够不够好?"的人,更多的是爸爸。

那么,为什么今天爸爸在育儿生活中常常缺席呢?

首先,包括爸爸自己在内,对于自己对孩子影响的重要性,并没有足够认识。

其次,爸爸从一开始就容易被排挤在育儿圈之外。几乎所有爸爸看到孩子出生后都会发现,孩子天生黏妈妈。妈妈与孩子之间自然亲密的本能,会让爸爸感觉到,孩子不那么喜欢我。加上男人手脚天生比较硬(原始社会中,那可是为打猎而生的手脚),看到脆弱的孩子在自己怀中,很容易不知所措。在惯性的影响下,小宝宝阶段爸爸无法参与的感觉,如果不做调整，很容易一直延续下来。而事实上，孩子经过了3岁后和妈妈的分离及独立自主后，会开始找爸爸，非常希望和爸爸互动，特别是得到爸爸的肯定、赞美、认同。

最后，整个社会、文化给爸爸的暗示是：不用你照顾孩子，你最重要的任务是赚钱养家。其实，爸爸也很郁闷，孩子出生后，自己逐渐被边缘化，只能把自己定位成赚钱机器。

爸爸最擅长的事情，的确不是怀抱年幼的孩子，但这并不代表爸爸不需要陪伴孩子。爸爸最好的陪伴就是陪孩子游戏，在游戏、玩耍的过程中，让孩子感觉到"爸爸喜欢我"，从而获得价值感的认同。而这个过程中，妈妈也需要承担起为他们创造沟通机会甚至担任桥梁的角色。

Q： 按理说，爸爸应该是家里的权威。但是我孩子他爸比较温和，经常出现爸爸说话孩子不听的情况。请问，好脾气的爸爸应该如何树立权威？

A： 脾气好是优点，并不会影响权威的建立。关键是，爸爸需要坚持一些管教的原则，因为最好的管教态度是：温和而坚持。

所以，你家的爸爸不需要改变温和的部分，他只需要增加一点坚持就可以了。如果他认为孩子做错了事情，不管孩子怎么撒娇、耍手段，爸爸都要坚定地说"不"。这样爸爸才能因为有原则、坚持，在孩子心中树立起威严感，而不是靠

"凶"。

一般温和的人比较容易溺爱孩子，不懂得管教的界限，这其实不是真正的温和，只会让孩子不能从父母那里得到正确的管教。

Q：女儿3岁，因为爸爸常出差，习惯了和妈妈长时间单独在家，所以，有时候会很排斥爸爸在家，经常说"爸爸你走吧""你上班去吧"之类的话，甚至有时因为感受到爸爸是自己和妈妈关系的威胁，而排斥爸爸和妈妈做哪怕拥抱一下的这种亲密动作。怎样让女儿在接受爸爸经常不在家的同时，也不破坏她和爸爸的亲密感？同时，让女儿更自然地接受爸爸妈妈是亲密的一家人？

A：妈妈要坚持和爸爸做亲密的动作，并简单告诉女儿："爸爸在外面很辛苦，为这个家一直付出很多。"如果孩子撒娇，说"妈妈不要去抱爸爸"之类的话，妈妈要说："妈妈爱爸爸，也爱你，这是不同的爱。但是妈妈是先爱爸爸，才爱你的。"如果孩子逼问你更爱谁，你可以说爱爸爸。孩子会希望他是你生命中最重要的人，所以听到这些，他刚开始会很吃惊，但慢慢会觉得这是好的，这让他感觉安全。而且这也的确是事实，如果没有先和爸爸的爱，不可能有孩子。

至于孩子和爸爸的关系，爸爸只需要肯定、赞美、认同孩子就好了。一般来说，3岁以内的孩子还不会想到主动去找爸爸，从4岁社会化过程开始，他才慢慢去找爸爸。

Q：我的女儿在爸爸身边特别乖，跟我在一起反而喜欢哭，或者哼哼唧唧。这是为什么？是因为老公比较会带孩子吗？有时候老公会凶孩子"别哭了"，这时我要管吗？

A：孩子跟爸爸和妈妈在一起的方式是不同的，跟爸爸的方法是"乖"，跟妈妈的方法是"黏"。

通常，爸爸在孩子身边的时间比较少，而且孩子能感觉到爸爸的耐心不如妈妈，他在爸爸身边待着时是需要比较乖的，否则爸爸就会表现得不愿跟他在一起，或者直接把他交给妈妈。总之孩子能觉察出，当他乖时，从爸爸这里得到的好处比较多。而妈妈一般更能包容孩子，和孩子在一起的时间也比较长，所以孩子比较少用讨好的姿态和妈妈沟通，他的行为也更多地跟着自己的情绪。因此，孩子跟妈妈在一起表现更多小性子、小情绪，那是正常的。人的本性就是对自己亲的人更容易"黏"和"闹"。

但如果妈妈感觉孩子跟你在一起时特别闹、特别不听话，程度特别严重，妈妈就需要检讨是不是因为自己管得太多或者情绪不稳定？因为如果孩子根本不听妈妈的，只有在爸爸凶时才听话，这表示妈妈平常用的方法都是无效的。虽然爸爸的"凶"也不一定好，只是让孩子暂时压抑，但妈妈可能需要承认，自己也未见得掌握了正确的方法。如果正确

爸爸最擅长的事情，的确不是怀抱年幼的孩子，但这并不代表爸爸不需要陪伴孩子。爸爸最好的陪伴就是陪孩子游戏，在游戏、玩耍的过程中，让孩子感觉到"爸爸喜欢我"，从而获得价值感的认同。而这个过程中，妈妈也需要承担起为他们创造沟通机会甚至担任桥梁的角色。

有效，即使不凶，孩子也知道要尽量听话。

但是，不管爸爸怎么凶孩子，妈妈通常是不插手的。这并不是说"凶"的方法是对的，而是爸爸有权利用自己的教养方法。特别是当孩子知道自己做错了，然后被凶，他是能够接受的。这时候妈妈要做什么呢？

当爸爸的"凶"过度时，孩子会来找妈妈表达，妈妈的慰藉对孩子的心理健康是有帮助的。

另外，妈妈不应该把孩子保护起来，跟爸爸去吵，不让他凶，而是教孩子学习应对。比如当爸爸真的很凶时，孩子会害怕，跑来找我们，我们可以问问孩子："爸爸这样，你打算怎么办？""如果是爸爸误会了，你打算做什么？""如果你真的做错了爸爸凶你，你又可以怎样？可不可以跟爸爸说：'我知道我做错事了，不过你下次可不可以不要对我这么凶，我会害怕。'"孩子直接对爸爸讲，比妈妈去沟通要好很多。

Q：一直以来，女儿对爸爸和对我的态度就差很多。看到妈妈，她总是各种的甜言蜜语，亲热，嬉笑，但看到爸爸就非常冷淡，甚至爸爸主动过来她也会把爸爸推开。从我看来，老公对女儿是非常好的，虽然陪伴时间不算多，但只要和她在一起就特别温柔，对她从来也没有严厉过。所以，我特别想不明白，女儿为什么会这样？

A：可能是因为妈妈在孩子身上花的时间比较多。

孩子3岁前通常会跟妈妈形成共生关系，也就是他把自己和妈妈看作是一体的，在这之外的其他人就被排除在外，包括爸爸。尤其是如果你是全职妈妈，整天和孩子在一起的都是你，爸爸只是下班回来才见到，就特别容易出现你描述的状况。如果孩子白天是老人或保姆带，爸爸和妈妈都一样只有下班回来才陪孩子玩，孩子"偏心"的情况就会好一些。

妈妈不用太担心，一般孩子到了四五岁就会开始找爸爸。因为通常爸爸都比较活泼、爱玩，四五岁的孩子对玩伴有了更多需求时，自然会想到爸爸。另外，妈妈也要提醒爸爸，尤其在孩子找他的这个阶段，要多给孩子肯定、赞美、认同，这是孩子一生自信的源泉。

Q：孩子2岁多。因为老公的工作关系，有了孩子后，我跟老公依然两地分居。我一般会在放假的时候，带孩子去他爸爸那里。我们和爸爸团聚时，爸爸下班回到家，他和爸爸还玩得挺好的。可一和爸爸分开，再给爸爸打电话时，他就会说："爸爸拜拜，我要睡觉。"不愿意跟爸爸多说话，每次都是这样。孩子为什么这样呢？

A：2岁多的孩子跟爸爸分离是会伤心的，同时他也知道这是没有办法的事情。所以，他想出的办法就是不要跟爸爸联结。

比较敏感的孩子会这样,用这种"让自己不悲伤"的方法来保护自己。一旁的成人,不用做什么来干涉这个过程。

这也是"我们为什么要相信孩子"的原因。成人对孩子没办法有那么多的了解,他们的一举一动不可能全被我们破解,所以当孩子出现成人不可理解的古怪行为时,我们最好的应对就是接纳孩子,并且相信,他这样做一定有他的道理,而且通常是对他自己最有利的一种选择。

9. 隔代养育

如果可以的话，孩子由妈妈自己来带最好，但现实情况让很多家庭不得不求助于老人来帮忙带孩子。两代人因为价值观、生活习惯的不同，养育方法也必然有所不同。所以，当妈妈没有办法，没有能力，只能让老人来帮忙养孩子时，必须准备好的态度是：全部听老人的，一切以老人为主；要不然你就自己养，可以不必理会别人的意见。

接下来要做的事情是，建立好跟老人的关系。如果你是花钱雇保姆，不满意可以炒掉她，但老人不可以。孩子已经交给老人，不管是妈妈还是婆婆，都要发自内心地感恩、肯定和欣赏。当妈妈和老人关系融洽时，其实老人也能慢慢学几招，甚至接受一些新观念。但是，如果妈妈不能舍弃事业、金钱，不能自己带孩子，然后又希望掌控孩子的一切，要求老人这样那样，那就是妈妈不讲道理，她的愿望也很难实现。而且，这样做也让老人觉得很冤枉，她会觉得自己养了那么多孩子都不错，但新妈妈从书上学到的这一套还没有被验证。

妈妈不用担心老人做得不对会影响孩子，实际上大部分争执的问题都是芝麻绿豆大的事情，除了虐待孩子，老人的其他做法基本都不会触及底线，妈妈的很多担心都是来自自己的焦虑。而且妈妈才是孩子的"重要他人"，也就是说孩子受妈妈影响最大，就算老人真的不对，影响也很有限。除非妈妈很少在孩子身边，孩子才会跟老人更亲近。孩子没有我们想象的那么脆弱，他也不可能生活在真空里，从小他就需要学会面对不同的人。

如果你真的那么在意，想按照自己学到的来养育孩子，唯一的办法就是自己带。不想放弃自己的，又想让别人都听你的，那就只能说我们太贪心，什么都想要。我更赞成在条件允许的情况下，妈妈自己来带，因为那是你的孩子，可以完全按照你的想法来，别人的指手画脚，你也可以不听。

Q：我家宝宝一直由奶奶带，奶奶特别爱孩子，但是也很惯着孩子，相比之下我会显得比较严厉，所以女儿更喜欢和奶奶在一起，有时会有点害怕我。请问，我该怎样培养女儿和我的感情？

A：不是因为对比奶奶的"娇惯"妈妈显得比较严厉。孩子怕妈妈，一定是因为妈妈的严厉已经过度了。

其实，大部分爸爸妈妈都会比爷爷奶奶更严厉，但是到了孩子怕妈妈的程度就表明，对于严厉的界限的拿捏，妈妈没有掌握好。虽然我们不赞成无限度纵容孩子，但严格也应该是有限度的，特别是你划出界线的态度，表达严格的方式，都应该有所节制。所以，想让孩子重新和妈妈亲近，只能放宽些尺度，该坚持的坚持，但态度必须温和。

Q：女儿小馨对我和她奶奶都比较亲，有时候更黏我，有时候更黏奶奶。每当她更亲奶奶，比如要求晚上和奶奶一起睡时，我就感觉特别失落。虽然我知道女儿有自己选择的自由，但我非常担心她对奶奶的亲有一天会超过我。所以，能单独"霸占"女儿的机会我绝不让给奶奶，尽管有时候把自己累得够呛。我也知道这种心态不太好，但就是控制不住。我为什么会这样？这对女儿会产生不好的影响吗？

A：我认为，的确像你所担心的，这会给你女儿带来不好的影响。

对孩子来说，你和奶奶都是很亲的人，而如果出现你所描述的情况，那么说明你跟孩子在一起的时间一定是不够的，起码比不上奶奶跟她在一起的时间。因为每个孩子选择的第一个"重要他人"都是妈妈，当孩子"意外"地选择其他"重要他人"时，那么，一定是另外那个人在孩子身上下的功夫更多。

所以，做妈妈的，要学习接受这件事。而且，除了我们做爸爸妈妈的,还有别的人愿意来爱孩子,甚至让孩子愿意和他在一起,这对孩子来说可是福气,也是因为妈妈一时还没办法做到这些。而多一个人爱自己的孩子有什么不好呢?

当孩子的奶奶花费了很多时间陪伴孩子,妈妈却不希望孩子跟她亲,这对孩子并不好。一旦发现最亲的人在争抢自己,她也会非常难过。

我曾经见过一个类似的情况,只是角色相反,是奶奶不许孩子跟妈妈亲。这个4岁的孩子会因为奶奶的不高兴故意疏远妈妈。他知道奶奶是家里最有权威的人,为了保护妈妈,他才故意跟妈妈疏远。当奶奶不在的时候,他跟妈妈很亲,奶奶一回来他就疏远妈妈。有一天,这个孩子终于拿头去撞墙壁。

所以,请成人不要这样折腾孩子,让孩子做这样残忍的选择。

至于为什么妈妈会这样?我觉得这和妈妈自己安全感不足有关,跟妈妈的原生家庭[①]有关。一定是因为从前在原生家庭中,你曾经有过竞争失败的经历。可能是跟妈妈竞争

[①] 原生家庭,指的是自己出生和成长的家庭,也就是组成新家庭之前,和父母、兄弟姐妹组成的家庭。这个家庭的气氛、传统、习惯,子女在家庭中扮演的角色,家人之间的互动关系等,都会影响子女的性格和心理状态,也影响他们日后在自己新家庭甚至家庭之外的表现。现代心理学认为,只有认识原生家庭对自己的影响,才不至于将原生家庭的一些负面的元素带入新的生活中去。

爸爸的爱失败了，也可能是跟兄弟姐妹竞争爸爸妈妈的爱失败了……结果是，一旦在之后的成长过程中，有竞争状况出现，你就受不了。

跟奶奶争抢孩子，已经属于恶性竞争，做妈妈的本来就处于优势地位，根本不需要这样紧张和焦虑。比较健康的想法应该是：只要有时间、有机会，我就多在孩子旁边陪着。而如果有人爱我的孩子，我会在心里感激那个人，感谢她给了我孩子多一份的爱，让我没在身边时，孩子也有一个很爱他的人陪伴着。否则的话，难道让孩子每天就巴巴地等着我回来那一两个小时吗？还有，看到老人用心的付出，感激才是正常的情感。

这些道理，妈妈如果明白，却做不出来，就只能在原生家庭中找原因。妈妈需要重新回头看那件让她竞争失败的事情。只有回头看清楚这件事情，看清楚原生家庭的经历是如何影响现在的生活，曾经的经历对今天的影响力才会减退，妈妈对自己的控制力也会加大。也就是，一旦明白了就可以放下，如果不明白，它就会一直控制你。

至于回头看原生家庭，需要很多专业知识，单凭自己很难看明白，向心理咨询师咨询是比较好的选择。

Q：儿子1岁8个月，平时由老人带，每次磕碰以后老人都会用"打它（比如地面或桌椅），把我们宝宝弄疼了，奶奶帮你打它"之类的话来安慰宝宝。我私下跟老人沟通过,但是老人认为这样做完全没有问题。我平时会尽量告诉宝宝,"你碰的地面,你把它也弄疼了,更不该打它了",但是宝宝在每次磕碰之后自己还会用手去打地。在这种情况下,我该怎样更好地引导宝宝?如果宝宝还继续这种打地面的做法,会对他的成长有什么不好的影响吗?

A:虽然"打地"并不是最理想的应对方式,但这也不会像妈妈想的那样,带来不良影响。打地、打椅子不会有太大问题,打人才有问题。

孩子太小,跌倒之后受挫感很强,可是他又不能靠自己处理生气的情绪,所以过去老人家才会有那种"打打地,泄泄愤"的做法。虽然老人家不清楚这其中的道理,但他们能感觉到,这样做了以后孩子心情会好些。这里不存在推卸责任的问题。其实不是孩子不小心跌倒,他应该为自己负责任,而是这么小的孩子肌肉发育尚未成熟,还没有能力让自己的身体保持平稳、协调。

孩子在成长中常常会面对这样的挫折,很想做成一件事情,但身体却不支持。这时候,如果父母亲可以帮孩子疏解情绪,比如看到他跌倒,说:"哦,跌倒了,有点疼,不过没关系",孩子对自己的挫折接纳得就比较好,也不那么容易生气。另外,当我们给孩子的心理营养比较充足时,孩子对整个自我的接纳度都比较高,失败了,受挫了,他就不会着急,

而是不停地努力尝试。

Q：儿子即将2岁，计划今年"十一"把孩子送到奶奶家两个月。因我和老公工作在北京，不能陪同，我一直担心这种做法会给孩子的心理造成不好的影响。孩子近期刚刚断奶，一直很黏我，从出生第一天就没有离开过我，尤其是晚上必须由我哄着睡，我担心孩子不能适应陌生的环境和陌生的人，最重要的是不良情绪会给孩子的身心健康造成损害。我这种担心过头吗？

A：妈妈担心的事情，发生的可能性是比较高。2岁正是孩子想独立的时候，而他要在安全的人、安全的环境中才能放心去独立，否则独立时间会延长，所以建议妈妈，不要在这个年龄和孩子分开，尽量想其他可以让孩子待在妈妈身边的办法，比如请老人过来或者请保姆。

不确定妈妈是出于什么原因做出把孩子送到外地的决定，但在孩子成长的头三年还是以孩子为重比较好。如果是因为工作关系，妈妈最好能放一放，既然孩子生了出来就要作好头三年不能冲事业的准备，这的确是必须要付出的代价。我们工作、赚钱的一大原因不也是为了孩子吗？此时，孩子最需要的并不是物质，而是妈妈的时间。

2岁突然把孩子送离身边，和刚出生就交给老人带，情况还有不同。一直跟奶奶的孩子，也许早已把奶奶选作"重要他人"，跟奶奶很亲，但突然去到奶奶身边的孩子，他对奶奶不熟悉，奶奶对他也不熟悉，孩子会面临不安全感，老人又容易因为不了解情况而过度保护孩子。做这样的改变，对孩子来说是比较困难和危险的。

妈妈当然可以去试，也许孩子没事，但如果要问我的意见，那就是：不建议这样，因为风险太高。即使只有10%出问题的概率，妈妈也要问问自己，你愿意冒这个险吗？3岁前的经历对一个人的影响是最深远的，不是说任何问题都没有机会解决，只是你都不知道要花费多大的心力、气力去弥补！不值得！所以还是建议妈妈，即使要送走，也最好等孩子大一点，起码熬过这一年。

当妈妈了解了这其中的风险，剩下的就是如何跟家人沟通的问题了。只要愿意，总有办法让孩子在自己的眼皮底下生活。

Q：孩子1岁多了，一直由外婆带。这个时期的孩子非常好动，需要接受大量的新鲜东西，体验社会，认知社会，这其中就包括亲子活动等。1岁孩子很顽皮，睡眠时间也慢慢减少，外婆的耐心和承受度也在慢慢减少。我和孩子的爸爸每天下班回家，看见的就是外婆抱着孩子坐在沙发上，面无表情，心情极差。孩子呢，噘着小嘴，也显得极其无奈，手中摆弄着小玩偶。尽管周末两天我和孩子的爸爸尽量都在家里设计和安排各种游戏和户外活动，但我仍很担心白天外婆给孩子的影响太大，有什么方法可以解决或者降低这种影响吗？比如找一些适合老人和孩子活动的游戏。

A：说这样的话，对老人一点都不公平。

妈妈自己没办法照顾孩子，请老人来帮忙，结果还说老人脸色差、心情坏，以及这个不应该、那个不应该。

如果妈妈真的不满意，又真心认为某些活动对孩子来说有那么重要，不如自己来做。多牺牲一点，不要赚那么多钱，把时间留下来做你认为对的事情，不是更好吗？要求多可以，但要求本来就是无偿帮忙带小孩的老人做这做那，就是贪心了。

妈妈把孩子交给老人的时候就应该想到，老人的精力和能力是有限的，她不可能为了照顾一个孩子，让自己变成另外一个人。如果我们真的对老人感恩，最大的感恩就是接纳，老人是不可能完全满足妈妈的要求的。其实想一想，如果我们自己24小时和孩子在一起，又是否真的可以做到每分钟都好心情、好精力呢？

所以，要改变的不是老人，而是妈妈自己的心态。不能希望赚很多钱，给自己很多发展事业的机会，然后又批评帮忙带小孩的老人这里不对、那里不对。

如果我们自己不能亲力亲为，但又坚持让对方按照我们的方式照顾孩子，最好的办法就是请一个保姆。花钱请来的人，我们可以直接告诉她：我的要求是怎样。

Q：我婆婆和我父母家里的教育方式不太相同，婆婆在一个地方住得比较久，比较传统和保守，我们家正好相反，去过很多城市，见识比较丰富，思想也比较开放，我个人的教育态度也是相当独立、开放。宝宝出生后，两家的父母都希望参与到孩子的教育和抚养中，我应该怎么选择和处理？

A：其实我最想建议的是妈妈自己养，自己养就不存在让谁参与进来这个问题，妈妈比较容易吸取两家之长。但如果没有办法，必须要请老人带，那么就一定要跟老公商量。

其实，没有哪方家庭的看法完全是优点而没有缺点。虽然妈妈觉得婆婆比较传统和保守，但是她毕竟养育出一个妈妈愿意嫁的男人，可见，婆婆也有婆婆的优点。而且对3岁以内的宝宝来说，养育人最重要的品质就是温和、有耐心，不要溺爱，其他都是次要的。

所以，妈妈可以跟老公一起商量看看：谁家的老人比较适合带孩子？在商量这件事情时，妈妈要非常小心，千万不要跟丈夫说，自己妈妈多好多好，所以希望自己的妈妈来带。一定是商量：谁的妈妈比较有空？或者耐心比较好？否则，被批评自己的妈妈不够好，丈夫会非常反感，甚至觉得自己被瞧不起，除非是丈夫自己提出来，觉得自己的母亲不是很适合带孩子。有的丈夫的确会感觉到，小时候妈妈对自己不是很好,不太适合带小宝宝。但这种话一定要丈夫自己讲,不能由妈妈开口做评判。

Q:我家孩子被老人宠坏了,最擅于用哭来威胁大人,而且哭起就收不住,大人越凶,嗓门越大,他不但不害怕还更变本加厉地哭闹。该怎么改掉他的这个坏毛病?

A:这样的情况下非常考验你的"温和而坚持"。

如果他对老人用这样的方法,我们不必理会,让老人自己去应对就好。我们不要去教老人该做什么,我们自己去做好就是。当孩子也这样对待我们时,我们一定要能够做到温和而坚持。

也就是说,我们也不大声骂他,但不管他怎么闹,不行的事情就说"不行"。当然如果是可以的事情,立刻答应他就行了。也不用跟孩子讲道理,他这样做,并不是因为不懂道理。

在孩子发脾气的时候,成人的态度会对他有很大影响。如果妈妈发现孩子变本加厉地哭闹,那一定是因为大人"教"他这样做的。孩子之所以会这样一定是因为有效,"你嗓门大我不怕,我可以更大声。这样你们就没办法,就屈服了"。相反,如果孩子试了很多次,"不管我怎么哭,妈妈始终很温和,得不到的东西就是得不到",孩子发现哭闹没用,自然知道以后不需要这样做。这是一种无形的教导。

Q：婆婆太爱我的孩子，让我很不舒服，每次孩子刚一哭，婆婆就抱起来哄，还总是说："孩子想让奶奶抱了，奶奶一抱就不哭了。"总之，她有事没事都抱着孩子。我把孩子刚放小车里，婆婆过来，又跟孩子说："奶奶抱抱。"有时还说："孙女长大了，会不会忘了奶奶呀。"婆婆对孩子好，我应该高兴才对，可我高兴不起来，这正常吗？

A：首先，这大概是大部分妈妈都有的心理，就像"大部分女人看到丈夫对别的异性态度友好"就会吃醋一样。毕竟，人总是不愿意看到自己喜欢的人跟别人好，何况女人的占有心理还会更强一些。

但是换个角度说，妈妈也可以检讨一下自己的心态，这里面一定是竞争和嫉妒的心理——和婆婆争抢孩子的爱。女人和女人在一起，就是容易什么都要争。跟婆婆争丈夫，也跟婆婆争孩子，很怕丈夫或孩子更爱婆婆。

妈妈应该告诉自己："无论如何，婆婆是在爱我的孩子，我没有理由拒绝她的爱。孩子多一个人来爱他，总是好事情。"

另外，过强的嫉妒心表明妈妈可能不够自信。其实只要妈妈自己跟孩子相处得很好，不管婆婆说些什么，孩子都不可能跟她更加亲密。只有一种情况例外：妈妈自己做得不够好，比如奶奶对孩子很温和，妈妈不温和，孩子才可能对奶奶有更强的依恋。如果我们自己对孩子非常好，就没什么好怕的，无论谁也抢不走你的孩子。妈妈就是孩子天生的第一选择。拿和丈夫的关系做比较也是一个道理。和丈夫的关系越是不好，越容易受不了他对别人友善，即便我们知道那没什么。

嫉妒和不自信，虽然是大部分人都有的心理，也可以理解，但如果因此有出格行为，那就不合适了。

比如有的妈妈太过头，看见孩子跟奶奶好，会给孩子脸色看，或者说："你不如去找奶奶吧！你干嘛来找我啊。"在竞争中，妈妈希望孩子把她当成最重要的人，孩子其实可能也确实这样认为的，只不过如果同时也愿意对别人表达好感，她就受不了。

妈妈要让自己渐渐培养出一种"我不介意丈夫对别的异性态度友好""我不介意孩子跟奶奶亲"的自信，只要相信"无论怎样我在孩子心中一定是第一位"，对奶奶的反感自然会有所减少。

Q：宝宝3个半月。我马上就要上班了，孩子将由老人照顾。这会不会影响宝宝和我的依附关系，以及宝宝安全感的形成？下班后，应该怎样经常性地和宝宝互动？

A：妈妈要做好心理准备：孩子跟老人在一起的时间比较长，他有可能跟老人更亲，也有可能受老人影响比较大。妈妈不能希望孩子给老人养，孩子又不跟老人亲。孩子大部分跟老人在一起，如果不跟老人亲，就没有人可以亲了。孩子多爱几个人是对孩子的祝福。不可能妈妈不花时间养孩子，孩子又只跟妈妈亲。

妈妈唯一可以做的就是，在家的时候，多些时间陪孩子，多些时间跟孩子玩，听他说话。妈妈跟孩子的关系越亲，他越容易受你影响。孩子跟谁更亲，更容易听谁的话。

"亲不亲"不完全跟时间长短成正比，也许孩子和妈妈在一起感觉比较好，如果妈妈回来多花时间，多陪伴、多玩耍、多亲近、多接纳，孩子还是会更愿意跟从妈妈的观念、想法、习惯去做。但如果妈妈没有能力做到，孩子可能就会跟随另一个人的生活习惯、价值观等。

Q：最近很焦虑，宝宝26个月，从小一直跟爸爸、妈妈、外婆在一起生活。现在外婆有事要回老家一个多月，爷爷奶奶因为特殊情况不能过来，只能把宝宝送回爷爷奶奶家。可是跟宝宝沟通时，宝宝不愿意去爷爷奶奶那里，一提这事宝宝就出现分离焦虑情绪。我该怎么办呢？能不能让宝宝上托儿所，这样至少是一直和爸爸妈妈在一起？

A：这样的情况下，妈妈应该尽全力，让宝宝留在自己身边，不要送回爷爷奶奶那里。最好的办法是，花钱聘请一个比较信任的保姆来家里照看孩子。

不管是送回老家和爷爷奶奶在一起，还是送去托儿所，对2岁多的孩子而言，都是太大的改变。虽然爷爷奶奶是亲人，但从小没有和孩子生活在一起，对孩子而言就是完全的陌生人，陌生人+陌生环境，对宝宝的心理成长很不利。托儿所也类似，虽然晚上可以见到爸爸妈妈，但白天对孩子冲击太大，身边一下子出现那么多陌生的成人和小朋友，整个环境对于孩子而言都是格格不入的，除非托儿所的小朋友非常少，老师有足够精力照顾到每个孩子的一点一滴。

请保姆来家里则要好得多。家里是熟悉的，出去的院子也是熟悉的，晚上可以看到爸爸妈妈，改变的只有照顾宝宝的人这一个因素而已。考虑到宝宝的年龄，妈妈在寻找可靠的、值得信任的人选范围内，尽量选择脾气好、性格温和的人。月嫂也是可以考虑的人选，虽然价钱比较高，但只有一个月，关键是月嫂连很小的孩子都会照顾，2岁的孩子肯定没问题，她们照顾小孩子是非常有经验的，而且通常都靠口碑相传，比较值得信任。

10. 性教育

性，是多数人眼中的禁忌话题。因此，当孩子问到一些有关性的话题，或者我们认为有必要给孩子一些性方面的引导时，往往有点不知所措。具体问题千变万化，但如果我们把握好如下5个性教育的基本原则，起码在大方向上不易出错。

1. 孩子问什么就答什么，并且按照他那个年龄段所能理解的方式来回答，不说太多，也不说太少

孩子越小，我们应说得越简单，有一些最基本的信息就可以，因为孩子根本不会想知道得那么详细。比如我们给两三岁的孩子描述子宫时，就可以说："那是宝宝来到这个世界之前住的王宫。"解释小狗交媾的场面时，可以说它们在玩耍。孩子问"妈妈为什么会长乳房"，我们可简单回应："女孩子长大了都会长，为她将来做妈妈、喂宝宝做准备。"

另外，给孩子的性教育也可以从了解植物开始。比如告

诉孩子，雄蕊的粉进入雌蕊，就有了生命的种子。从介绍植物到动物，再到人，是比较适合孩子的性教育步骤。这样的方式比较温和，冲击力也不那么大。

2. 使用正确的词汇

不推荐跟孩子用"鸡鸡""奶奶"这样的词汇，直接讲"阴茎""乳房"就可以。讲到身体任何一个部分，都要用正确的名字，比如用"眼珠"而不用"珠珠"。否则，孩子会感觉到那个部位有点特殊，甚至能感觉到爸爸妈妈不能正常谈论而有些别扭、尴尬的情绪。

但同时我们也要跟孩子说，性器官是非常隐私的东西，不能在外面随便跟人谈起，否则别人听了会觉得不礼貌或者不舒服。

3. 性教育，最重要的是父母亲的态度

父母亲表现出来的态度越坦然，越愿意和孩子谈这个问题，孩子就越能收到正确的信息。这其中通常包含很多非语言的信息。如果是这样，孩子可以感觉到："我的父母亲愿意跟我谈，他们不会焦虑，不会觉得尴尬。"如果父母亲不好意思，孩子就会有所察觉，然后明白最好别说这些，可是他的好奇还在，还有很多问题，所以他只能去找别人谈，这样父母就失去了在此问题上的主动权。

4. 让孩子明确知道，自己享有身体的自主权

教会孩子跟着自己的感觉走。任何时候都可以拒绝任

何人，包括爸爸、妈妈、爷爷、奶奶，触碰他任何的隐私部分，甚至是身体的任意部分。教孩子，只要感觉不舒服，就可以对对方说三个字：不喜欢。

这样做，意义不仅在于教孩子保护自己，而且让他知道，身体的自主权只属于他自己，别人需要尊重他。被这样教导的孩子，同样也懂得尊重别人，不会看见小朋友，特别是比自己小的小朋友就一顿乱抱乱亲，甚至掀人家裙子。他们如果想亲亲抱抱，会先问人家，征得人家的同意。

5. 当孩子要求我们抱他时，就去抱他

给孩子足够的肌肤接触，尤其是有些孩子特别渴望肌肤接触，我们就更要满足他。否则，父母不满足他，他跟别人进行肌肤接触的渴望就会过于强烈，导致不恰当的行为。比如控制不住地强行抱人家、摸人家。

Q：儿子21个月，平常坐着玩、看书或者吃饭的时候经常顺手去摸小鸡鸡，说他时他会把手拿开，但一会儿又去摸，我担心他养成坏习惯。他在家都穿开裆裤，不知道是不是和这有关系？穿完裆裤会好点吗？还有其他好办法吗？

A：对这么小的孩子来说，他的行为只是一种探索，不是问题，慢慢地会自然过去。

比较要注意的是，妈妈有没有给孩子足够的拥抱，以及妈妈跟孩子的关系。因为孩子摸鸡鸡是为了身体的接触，以及得到一些快感，如果妈妈和孩子的身体接触足够多，这个阶段自然会过去。但如果孩子抱妈妈，妈妈经常拒绝，那孩子摸起小鸡鸡来就很难停下。

现在孩子太小，还无法明白为什么不能这样做，所以顺其自然就好。等孩子满 3 岁后，就可以对他讲，有些事情和小时候不一样，比如小时候洗澡后脱光出来可以，但大孩子那样做会让别人不舒服，我们应该顾及别人的感受。

穿完裆裤可能会好些，这样鸡鸡比较不容易被刺激到，不像穿开裆裤很容易被刺激，然后孩子就顺手去摸。

Q：孩子问"妈妈我从哪里来？"我怎么回答？

A：回答"你是从妈妈肚子里出来的"就可以。

应尽量从孩子能看到、能明白的事情入手回答他。比如当孩子看到大肚子阿姨，问"那是什么"的时候，我们就可以趁机告诉他："里面住了一个小宝宝，小宝宝住的地方叫子宫，那是他还没有生出来之前住的王宫。因为他还太小，所以阿姨把他先放在肚子里，养到足够大时，才让他出来。你也是这样被我养到足够大时，才从我肚子里出来的。"

也可以借助孩子常常看到的鸡蛋，做一些解释："好像小鸡从蛋里面出来一样。鸡妈妈不停给小鸡温暖，到了第 21 天它比较适合来到这个世界时，小鸡就出来了。人的生命更加珍贵，所以妈妈要养他 10 个月，他才出来。另外，鸡妈妈是把鸡蛋放在外面养，人妈妈不过是驮着那个'鸡蛋'到处走罢了！"

Q：2岁的女儿很反感别人亲她！甚至爸爸妈妈亲她，她都抗议，还会说"不要亲我"，这时候强行亲她会不好吗？

A： 不要强行亲她，不管谁，都不可以。

孩子需要知道她有身体的自主权，任何人想接近、碰触她身体的任何部分，都需要首先得到她的同意。身体自主权是性教育中很重要的部分，孩子不但会因此懂得尊重自己、尊重别人，而且可以防止她遇到性侵犯。

当遇到一个心怀不轨的人来碰触孩子身体时，孩子大声拒绝对方，会让那个人吓一跳，因为他会知道"这个孩子被教导过"，他会害怕这个孩子回去跟爸爸妈妈讲，因此会有所顾忌。

所以，我们平时就要让孩子养成习惯，任何人以任何方式碰触孩子身体时，她都可以大声说"不喜欢""不要"，如果大声还不能阻止，那么就赶紧跑开，去告诉爸爸妈妈。这个习惯的养成，就要从爸爸妈妈自己尊重孩子开始，她不想被亲吻时，我们就不要强迫。如果别人来亲我们的孩子，而孩子又太小，没能力表达时，我们也要帮孩子说："不要因为人家小，就来强吻哦。"

Q：可不可以和孩子一起洗澡？要不要特地避讳让孩子看到爸爸妈妈的身体？

A：仍然是和身体自主权有关的问题。虽然在孩子面前暴露身体，对孩子来说并没有什么影响，但这取决于，爸爸妈妈愿不愿意让孩子看到自己的身体。孩子有身体自主权，当然我们自己也有。我们不会勉强孩子暴露自己的身体，同样我们也不必为了孩子暴露自己的隐私，除非孩子太小，实在需要我们帮忙洗澡。

另外，这和社会文化也有一定关系。当你身处的社会文化认为，在孩子面前暴露身体无所谓，那就没问题，就像大家都可以接受在裸体沙滩裸露身体一样。只要尊重自己、尊重对方，场合也适宜，就没有问题。再比如我们会觉得，妈妈和女儿一起洗澡可以接受，妈妈和儿子一起洗澡就有一点顾忌，爸爸和女儿一起洗澡就比较难接受，这就是文化。我们生活在这个文化中，不知不觉中产生的感觉也就和文化的期待一样。

Q：女儿在外面会自己撩起自己的上衣，露个小肚子。这种行为要不要紧？

A：我认为这不是很恰当。这是孩子从小没有被教导"隐私"观念，没有在这个方面得到足够尊重的缘故。

我们老觉得"没事，这么小的孩子懂什么，穿开裆裤也无所谓，让谁看到他的隐私部位也没关系"。这样孩子就很难建立起正确的观念，也感觉不到某些行为的不雅。虽然撩起衣服露出的小肚子并不是什么隐私部位，但这样的行为在公共场合发生时还是有点不妥。就像我们在家可以穿睡衣，男人也可以光着上身，但如果在外面也这样，就会让别人感觉不舒服、不礼貌。

所以，你可以告诉孩子，这样做在家里没问题，但在外面就不合适、没礼貌。至于家里的尺寸在哪儿，完全看我们自己的接受度。

Q：3岁半的女孩，最近入睡前都会使劲摩擦敏感隐私部位，怎么办？

A：接受孩子就是了，但要告诉她，要小心别弄伤自己，也要注意场合，就像大庭广众之下，大家都穿着衣服，如果只有你不穿衣服，别人会觉得很不舒服。

摩擦隐私部位也是自我探索的一部分，本身并不是问题，你越接纳她，这个行为越会自然而然地过去。

其实男孩子更容易遇到这个问题，因为他们更容易在阴茎碰到东西（比如桌子、椅子）时，发现快感，然后想要尝试、摸索。女性的性刺激器官不是在表面，所以一般女孩比较少出现这种现象，即使有，也很快会过去。她一定是曾经碰触到了这个部位，而不可能仅仅是因为看到男孩子有类似

动作去模仿。

  首先，妈妈要注意是不是有人触摸过她？导致她对那个部位特别好奇。其次，可能跟焦虑有关，越焦虑的孩子越容易摩擦性器官。有了"焦虑"这个催化剂，孩子一旦发现快感，自慰情况发展会非常快。尤其孩子睡觉前频繁摩擦，很可能跟安全感不足有关，孩子想借助这个动作给自己安慰。

  所以，妈妈先观察看看，不要过分关注或教导，否则对孩子来说反而是一种强化。只要稍加提醒就好，看一段时间后有没有好转。如果没有，认真从上面两个方面去检查，看是哪里出了问题。

11. 疑难表现

孩子偶尔会出现一些不易被父母理解的行为。因为孩子还不会表达或不愿表达,父母就会因为不明就里而不知如何应对。尤其是初为父母者,更容易冒出"为什么会这样?"的疑问。

遇到这类困惑时,如果我们身边有一个可以给予支持的群体,比如志同道合的朋友或者来往亲近的邻居组成的群体,会非常有帮助。大家可以互相交换养育知识和经验,同一问题,如果你家有、我家也有,很大程度上也是一种安慰,而如磨蹭、不爱分享这类小孩子的"通病"在大家聊过之后会发现,原来每个孩子都这样,也就不必过分担心了。当然,遇到一些比较重要又棘手的问题时,请教专家也是必要的。

另外,在孩子疑难行为的处理上有一个通用的原则:如果孩子的作法,只是在成人眼里有点奇怪,但并没有因此产生情绪问题,或者产生伤害别人、伤害自己的结果,就不用理会。

如果有可能,爸爸妈妈还是要多学习一些儿童心理的知识,我们越了解孩子在每个阶段的成长特点和需求,就越不容易对孩子有不恰当的期待和要求,对于孩子貌似不合理的举动也会有更多理解和信任。其实我们应该对孩子有这样一个基本信任:你做事情,一定有自己的道理。没有这个信任,父母很容易有一个成人的评判标准,觉得孩子应该怎样!

比如一个已经习惯独睡的孩子,突然跑来妈妈房间说,要跟妈妈睡。妈妈问"为什么?"孩子也不说。过了很久很久,当妈妈都早已忘记这件事情时,孩子突然说,那天晚上我要跟你睡,是因为看了一个电视节目,当我闭上眼睛睡觉时,节目里一些可怕的画面一直出现在眼前,让我不敢一个人睡。可我又不敢对你讲为什么,怕你以后不让我看那个节目了。这个孩子幸运的地方在于,当妈妈并不明白这一反常举动的原因时,仍然答应了孩子的请求,选择了信任孩子的处理方式。

Q:3岁半的儿子总喜欢重复问问题,明明知道答案还是不断地提问。平时,在精力允许的情况下我都能不厌其烦地回答,但有时我也会感觉累或者烦,这时候就不想理他。儿子为什么会这样?我应该每次都耐着性子满足他吗?

A:有时候孩子喜欢看到妈妈被自己烦到的样子,因为他可以通过这种方式获得"控制了妈妈"的感觉。这种控制感和胜利感对孩子来说很强烈，能让他很满足。

妈妈在累或者烦的时候，面对这种情况比较好的应对方式是：不要生气，但告诉他"我很累不想回答"，或者"我已经回答很多次了，你自己想"。

这个方法同样可以用在给孩子讲故事的时候。从刚开始妈妈讲，到后来你一句我一句，再到孩子可以把整个故事背下来，其实到最后这个阶段，故事里已经没有太多营养可以吸收。所以，最后妈妈如果真的觉得自己讲得够多，是可以不再讲的。就像孩子有权利决定要不要听故事一样，妈妈也有权利决定要不要继续讲那个让自己想吐的故事。

Q：我知道自私是孩子的本能，可我的女儿也太自私了，从来不让别人来自己家，也不让别人碰自己的东西，否则就大哭，情绪激动。她这是怎么了？

A：这个年龄的孩子本来就是这样的。1岁半到三四岁的孩子都在努力找到存在感、自我感、拥有感，比如"很小气"地藏着自己的东西，不让人碰。当然，也有特别"大方"，安全感特别足的孩子，一旦拥有一点点东西他们就很乐意与人分享，但显然绝大多数孩子在没有确定拥有感之前是没有办法分享的。他一定要确定某样东西属于自己，别人来向他借，他才可能给出去。

所以，你可以让你的女儿拥有一些东西，明确告诉她"这些东西是你的"，并用实际行动让她感受到自己真的拥有这些东西。比如当别人想要她的东西时，对她说："这是你的，你可以决定要不要给别人。不过如果你给了他，他会感激你的。"但是如果她真的不愿意，或者她在试探那样东西是不是真的属于自己时，就会拒绝把东西给出去，这时候你不能强迫她。慢慢地，她有了足够的拥有感后，自然会愿意分享。

Q：我的女儿快 2 岁了。最近半年她总爱把手伸进我的袖子里，如果当时穿的衣服正好不方便她塞手进去，她还会让我换件衣服。另外，她还特别喜欢趴在我身上闻味道，像上瘾一样使劲地闻。她这是怎么了？

A：这是因为她需要跟妈妈联结。孩子在 3 岁之前会一直做这件事情，只有跟妈妈联结之后才能放心去做其他事情。

不同的孩子会发展出不同的、与妈妈联结的方式，比如拉着妈妈的衣角，比如一直看着妈妈，比如像你的女儿一样，闻妈妈身上的味道，只是她表现得更明显一些。有时候孩子在妈妈身边绕来绕去也是在试图嗅妈妈的味道。所以，这时候由着她就可以了。

孩子还会寻找另外一些联结的方式，比如抱着有妈妈味道的枕头、毛巾、衣服。因为妈妈不可能 24 小时都在身边，孩子就会移情到这些温暖、柔软的东西上。

Q：10个月的孩子，晚上进入深度睡眠后，会经常性地哭泣，哭得很伤心，但这时她并没有醒。我观察她白天并没有被惊吓或者碰到特别不满意的事。这是怎么回事呢？我应该怎么帮她排除心中的恐惧或者其他情绪？

A：睡梦本来就有帮人处理情绪的作用。即使是小宝宝也会有很多情绪，而且可能他自己都没有觉察，如果能在睡梦中有点夸张地处理掉它，是非常好的。

妈妈可以重点观察孩子白天的情绪是否正常？我们判断孩子心理是否健康主要看三方面：是否快乐？行为有没有偏差？跟他人是否可以正常互动？孩子不会掩饰，如果你观察下来，这三方面都没有问题，那就表示他很健康，没问题。

Q：2岁的孩子总是抠手，手指都脱皮了，不知道是不是应该干涉？

A：这是焦虑的典型表现，十之八九是因为爸爸妈妈常常吵架，或者妈妈与常常带他的老人吵架，而且吵架的主题都是围绕这个孩子，比如怎么管他，怎么抱他，怎么喂东西给他吃。因为孩子和两个人都非常亲近，所以他不知道该怎么办，才会如此焦虑。

如果不是上面的原因，还有一个可能性是，妈妈是个太过焦虑的人。

不管是哪个原因，父母要做的不是阻止孩子抠手这个表面行为，而是反省进而改变成人自己的状况。

Q：儿子3岁多，特别喜欢幼儿园里的一个小女生。每天要挨着人家坐，时不时会碰碰人家，还不让人家跟别的小男孩好。有时睡觉也要去小女生的床边晃一圈。他为什么这么喜欢这个女孩？

A：因为他跟妈妈的联结不够，如果够的话，就只会非常喜欢，但不会到这个程度，特别是睡觉前的这个行为已经是把小女孩当成妈妈去联结了。

妈妈需要补足许多基础工作，比如主动去抱孩子，而且跟自己讲"我要学习很自然地抱他"。因为有些妈妈会抱得很勉强，心里不愿意，身体就会表现出来，这可以骗过成人但骗不了小孩子，他们是最敏感的。

Q：我女儿3岁，是个活泼好动的孩子，身体健康，很少生病，但她走到凹凸不平或湿路上时，会说害怕，要求大人抱。到海边玩水和沙子时也表现出害怕，无论我怎么开导她都不接受。请问，我的女儿怎么了？再出现类似场景，我该怎么办？

A：她可能被吓过，一般的孩子不会这样。大概是成长过程中碰到类似东西时，爸爸妈妈过度保护了，所以她才觉得这个不可以，那个不可以，"不可以"的观念被爸爸妈妈植入到她的脑袋里。

下次碰到时，可以对她说："妈妈跟你一起试试看"，让她从体验里打破之前的观念。

比如怕海水，你可用勺子舀一勺水去她身边，用手沾一点水抹在自己脸上，说"哇！好舒服！"然后沾一点水摸孩子的脸，问她"舒服吗？"如果她不排斥，再多弄一点水，模仿刚才的步骤，先弹一点水在自己脸上，然后弹在她脸上。接下来，水可以更多，开始洒水。最后靠近海边，弄一点水抹抹自己，再抹抹她。这样，你一下，我一下，把孩子害怕的东西一点点分解，变成欢乐的东西。

有些孩子害怕淋浴，也可以用相似的办法处理。让他慢慢靠近水，靠近淋浴头，放松你的态度，别把这当一回事，然后让孩子感觉这是一个很愉快的游戏，孩子就会很容易接受。

Q：从小我就教育女儿要谦让，特别是对比她小的孩子。所以，有时候她虽然不是很愿意分享，但最终还是会把东西给出去，甚至看到比较强势的孩子想要她的玩具时，她会主动给。本来一直为女儿的大度自豪，可慢慢地我发现，她总是在不情愿给完别人玩具后，回家会找借口发脾气。是不是我过于勉强她了？

A：有可能。有情绪表示她不是很愿意那样做。

下次看到她情绪不好时，问问她："是不是因为不情愿给别人东西？"然后告诉她："那个东西属于你，你有决定权。只有你觉得乐意分享，或者把自己东西给别人无所谓时，你才可以分享，不要勉强自己。如果别人勉强你，你就对他说'不行'。"要强调所有权，孩子才会保护自己，才不会别人叫她做什么，她都说好。

其实，妈妈原本的"教育"就错了。因为妈妈的示范（比如，明明不喜欢也勉强自己），或者特意教导孩子"谦让"，让她不要说不，导致谁都可以开口要走她的东西，孩子没有真正属于自己的东西，也没有真正的所有权。这是在教孩子讨好别人，更可悲的是，别人只是想想，还没开口，她都主动迎合。这样的孩子长大后很难对别人说不，任何人都可以影响她，因此，她的心理会有很多压力！

太多时候，分享变成一件"妈妈为了面子强迫孩子"做的事情。

当妈妈的总希望自己的孩子表现得很完美，很有面子，这样表示我们教得够好。但很多东西跟教得好不好并没有关系。有时候，这和孩子多大，他现在可以做到什么有关系。我们总希望孩子成熟、懂事、大胆，但这些都是超过孩子年龄范围之外的过高要求。我们要允许孩子有一个成长的过程。

还有的时候，和孩子的特质有关。有的孩子很容易被教会"分享"，但他一定有难教的部分。但如果父母要求他什么都好，那就是强人所难。

而且，无论什么时候对孩子进行品格教育，父母亲在生活里的示范都是最好的方法。比如勤奋、负责任工作的爸爸妈妈，永远不用教导孩子勤劳，孩子从小每天看到的事情，都会对他有耳濡目染的影响。分享也是，如果孩子看到爸爸妈妈对待朋友总是很大方，乐于分享自己的好东西，他长大后自然会效仿。这样没有特别去教的事情，孩子接受起来最没有防备，也最自然而然。

孩子不会做父母讲的，只会做父母做的。因为，用嘴巴讲的道理，来自头脑，它只会进到孩子的头脑里，而进不到心里，成为不了生命力的一部分。但如果父母亲用心，用身体去做，它就会进到孩子心里。当他将来遇到类似问题时，他的身体，他的心会自然而然地照做。

Q：我的女儿1岁9个月，最近开始，她犯错误都犯得很有"个性"。如果她不小心摔倒，别人抱她起来她会不高兴，非要说"是我故意摔倒的"，然后坐在地上说，"我还要摔"。她这样正常吗？

A：完全是自主性的表现。这么大的孩子非常在意自主性，所以即使她跌倒，她也比较喜欢自己起来。她不喜欢人家对她说一些比较负面的词，比如"跌倒"。遇到问题时，她会死撑，不服输，不喜欢失败，不愿意承认自己的挫折。这样很正常，没关系，接受就好，不用特别理会。

Q：早晨，3岁的女儿在床上磨蹭了半个小时不起来，我急得不行，抱怨的同时赶忙给她系扣子。洗脸时又是磨磨蹭蹭，把手按到洗脸盆里半天不动，说她，她还有理："我慢慢洗，才能洗干净。"每天最先一个上桌吃饭，最后一个吃完。这样的孩子是天生磨蹭吗？

A：两三岁的孩子还不知道什么叫目标，他是生活在过程中的。也就是，事情对他来说，没有目标，只有探索和学习的过程。他可以为了一个过程，花费非常多的时间，因为这是他眼中的正事。这也是为什么孩子洗手洗很久的原因，他在过程里。再比如刷牙，大人有目标：刷完了，才能做其他事情。而孩子通常喜欢在这个过程里东摸一下，西看一下。大人是为了"完成"，孩子是为了"体验"。

当然，生活中有些事情必须让它赶紧完成，那么唯一能帮孩子养成快一点习惯的就是：鼓励。当他很快完成一件事情时，对他说："你做得真快"，或者，"你这么快就做完了，给妈妈帮了很大的忙"。在孩子慢慢做的过程中，用"赶快做完"这样一个目标鼓励他，其实会没有效果，因为他根本就没有目标的概念。

当你真的需要他很快做完时，亲自上阵帮他赶紧做完就好。

Q：女儿3岁半。前几天和3个小朋友一起玩"抢凳子"的游戏，4个人抢3把椅子，玩了两次她都没有抢到，于是跟我说："妈妈，我累了不想玩了。"她总是这样，只能赢不能输，否则就无精打采，找借口不玩。这是什么原因导致的？是不是我们平时给的表扬太多了？

A：给表扬多不是问题，要注意的是表扬的内容。妈妈要去学习，多肯定孩子努力的过程："妈妈看到你很有心，我觉得这样很好。""我看到你做得不够好时，会想办法做得更好。""我看到你在不断想办法让自己进步。"而不是因为孩子成就、结果表扬他。

表扬结果，会让孩子在努力却没有得到好结果的时候非常沮丧。表扬过程，会让孩子觉得自己努力了，尽力了，对得起自己，不管结果怎样，都不会过于介意。当孩子面对挫折，比如努力抢凳子却抢不到时，他会比较容易接受这个结果。

当然，妈妈也要在孩子受挫时教导他，"失败了，你肯定会难受，任何人面对失败，得不到想要的东西都会不高兴"，先承认和接纳他的情绪，认同他的挫折感，然后告诉他："生命中有很多这样的事情，有时候我们确实很努力，但却做不到想做的，得不到想要的。要学会接受。不过这并不代表我们在其他时候也做不好。"

其实孩子在玩耍中遭遇挫折，是非常好的教导重要道理的机会。孩子都是通过玩游戏，学习公平，学习轮流，学习"要尽力，但同时接纳不好结果"等重要的能力。

当然，参加"抢凳子"这种游戏，孩子的确可能因为体能不如别人而真的没办法抢到，这时候如果孩子提出不想玩是可以的。因为我们没必要把精力花在自己一直做不到的事情上面。妈妈没必要整天跟在孩子屁股后面，研究、分析孩子，"他为什么这么经不起失败？"或者逼孩子去面对失败，重新挑战。人是追求成就感的动物，如果孩子自己愿意一直玩，从失败里面去学习，那当然没问题，但如果已经失败了好几次，孩子觉得没有必要再玩，完全可以放弃。

Q：女儿3岁。只许家人夸她，不许夸别的小朋友。比如我看见一个小姑娘画画得非常好，就夸人家棒。她在一旁听到就会很激动地说："她画得不好，我画得才好！"我想知道，女儿这样正常吗？

A：不是所有孩子都会这样，但孩子这样还是正常的，根本原因是这个孩子被父母亲夸得还不够。

举例说，当夫妻俩关系非常好的时候，丈夫说其他女孩子漂亮，妻子是觉得"还行"的，但如果关系不那么好，丈夫当着妻子面说"某个女孩很漂亮"，即使那个女孩真的很漂亮，妻子还是会嫉妒，会很不开心。

我们成人都做不到的事情，怎么能要求小孩子做到呢？

孩子在这个年龄也确实容易嫉妒，但他的嫉妒心是针对自己的"重要他人"的。他会想："妈妈和我在一起时，常常说我这里不好、那里需要进步，但看到另一个小孩，却一上来就夸他很棒,我当然很讨厌那个小孩。"

只有当父母和孩子在一起时,让孩子感觉到自己已经足够好,很被父母看重,他才能肯定自己。而这个肯定代表父母的欣赏、喜欢和爱,有了这些东西,有了对自己发自内心的肯定和欣赏,他才能真正去欣赏别人。

你有没有发现,我们每一个人从小到大都有这种心理?自我感觉良好时,别人怎么好都无所谓,不会引发嫉妒心;但自我感觉糟糕时,一看到别人好就焦虑甚至嫉妒。所以,一个人能否真诚地欣赏、赞赏别人,基本上是他对自己有没有足够肯定的风向标。

作为成年人,我们可以通过自己的努力达成自我肯定和认同,但孩子不行,他只有靠父母亲肯定这一条路。

Q:4岁女儿最近总掉眼泪说:"妈妈,我不要你老,不要你死。我也不要老,不要死。"她为什么突然开始对"老""死"这类话题敏感起来?

A:这个年龄的孩子开始有了"我"的感觉,有"你"、有"我"、有一点点时间观念,所以开始有点懂什么叫"死"。但其实,这时候孩子对死亡的害怕,基本就是她怕跟妈妈分开。所以,简单讲"妈妈一定会跟你一起长大"就差不多可以应付她。

妈妈不要想太多,也不用主动发挥太多,因为孩子其实并没有想知道那么多，她对时间的概念、对死亡的概念，只是刚开始有一点点，就算你有足够信心给她讲清楚，她也听不明白。她只想知道"妈妈会不会和我分离"，你说"不会"她就心满意足了。

回答这类问题的基本原则就是：她问多少，我们答多少。

我儿子8岁时，有一次我劝他吃青菜，说："你要多吃青菜，身体才能健康，才能命长。"我儿子答："我不要吃青菜，不要命那么长。要不然你死了，我还没死。"你看，这就是小孩子的逻辑，他很怕和妈妈分开。这时候我们根本不用兴师动众地给他解释"死亡"或者"先死后死"的问题。当时我只是见招拆招，简单答他："那我也多吃点青菜，命就变得跟你一样长了。"听完他马上低头吃菜，根本不会再追问其他问题。

Q：我现在已经是两个宝贝的妈妈了。老大是女儿，今年3岁半，老二是儿子，刚刚出生。在儿子出生之前，女儿虽说比较淘气，都还在常理的范围之内，可是自从儿子出生之后，女儿性情大变。在我月子期暂时把女儿放到外婆那儿的一段时间里，她居然做出了一些让人头疼的事情。比如，出门自己不再跑跳着走，而是非让抱着不可；吃饭、喝水不听话；动不动就说"不行""不"之类的话语；稍微不顺心，就歇斯底里地哭泣……最近，她还对外婆投诉说："奶奶爷爷不喜欢我了，爸爸妈妈也不喜欢我了……"

A：很明显地，老大非常害怕，她担心自己会被抛弃。

妈妈要做的是，尽快把老大带回来，然后一定要给她一些单独的相处时间。老大看到妈妈对刚出生的弟弟投入非常多时间和精力，是会有情绪的。她不能了解妈妈可以同时爱两个。在这种情况下，如果老大没问题那当然最好，出现问题后的解决办法就是一定要给老大单独的时间。

面对3岁多的老大，妈妈可以让她看看她小时候的照片：刚出生时的照片、刚学会吃饭时的照片、刚会走路时的照片……每天跟她讲一点她刚出生时，妈妈照顾她时的有趣事情。这样做的用意在于：3岁多的孩子对于自己很小时发生的事情是没有记忆的，她不知道妈妈曾经像照顾小弟弟一样，也无微不至地照顾过她。当她看到妈妈对弟弟很用心时，就会想"如果自己也是很小很小的婴儿就好了"。所以，妈妈要告诉老大："你像弟弟这么小，什么都不会的时候，妈妈也是这样照顾你。后来，你一天天长大，慢慢可以自己吃饭、走路……妈妈就觉得很轻松，不像照顾小宝宝那么累。所以，你长大，帮了妈妈很大的忙。但弟弟现在就不行，他什么都不会，什么都要妈妈帮他做。"总之，要让老大体会到大孩子的成就感。

只要妈妈每天能够坚持做这些，老大就会放心。她会感觉到，即使小弟弟出生了，妈妈还是很爱她。

另外，一些相处时的小细节也能帮助老大放松下来。比

不同的孩子会发展出不同的、与妈妈联结的方式，比如拉着妈妈的衣角，比如一直看着妈妈，比如像你的女儿一样，闻妈妈身上的味道，有时候孩子在妈妈身边绕来绕去也是在试图嗅妈妈的味道。孩子还会寻找另外一些联结的方式，比如抱着有妈妈味道的枕头、毛巾、衣服。因为妈妈不可能 24 小时都在身边，孩子就会移情到这些温暖、柔软的东西上。

如，当年我家老二出生后，我当然知道要花很多时间在小宝宝身上，但无论什么时候，老大过来要我抱抱的时候，我都一定会抱他，不管我当时在做什么。我是有意识这样做的。再健康的孩子，看到妈妈花很多时间在弟弟妹妹身上，他也一定会多想，所以这样一个有意识的动作就是为了特别照顾到老大的敏感心思。

还有的建议会说，让老大参与照顾老二，也能缓解一部分老大的焦虑。但是像上面提到的，你的女儿已经明显有很多情绪，你让她去帮忙照顾弟弟，她肯定非常不愿意，所以不要勉强。

Q：从女儿非常小的时候开始，我就感觉到，她不喜欢看到爸爸妈妈过于亲热，比如拥抱、接吻。我一直很纳闷，不是说孩子很希望看到爸爸妈妈关系好，这样她才有安全感吗？为什么每次我和老公表现亲昵一点，女儿就会把爸爸推开？这样正常吗？

A：非常正常。因为每个孩子都希望完整拥有自己的爸爸或者妈妈，尤其是3岁前的孩子会非常希望完整拥有妈妈，她甚至把妈妈看作是和她一体的，这也叫作"共生"关系。尤其是那些全职妈妈，每天花大量时间和孩子在一起，孩子会觉得妈妈就是他一个人的，这时候如果爸爸插进来，他就会非常不高兴，甚至推开爸爸。

除非孩子从小就跟妈妈和爸爸两个人共生才不会发生这样的情形，但这样一定是因为爸爸在孩子长大的过程中做了很多事情，比如喂小宝宝喝奶、总是抱他、给他换衣服……使得孩子跟爸爸也非常亲密。但实际上，大部分爸爸都不可能做到这些，比较长时间陪孩子的都是妈妈，所以孩子跟妈妈一个人共生的可能性比较大。也因此，孩子看到爸爸妈妈亲热时会不舒服，因为他觉得妈妈应该是我一个人的。

Q：宝宝1岁5个月，给他笔涂鸦，他总是随便画一笔就扔了，还有就是不喜欢搭积木。别的方面都挺机灵，语言和模仿能力也比较强。这两项该怎么引导孩子呢？

A：那就别搭积木吧！积木又不是唯一的玩具，孩子还可以找到其他很多东西来玩。其实没什么东西是非玩不可的，拿我们这代人来说，小时候玩过积木和没玩过积木的长大后也没差多少。另外，1岁多的小孩，画两下就扔掉笔也非常正常。

孩子不一定要喜欢妈妈提供的玩具和游戏，只要他不是对什么都没兴趣就没问题。何必花那么多时间让孩子对一个本来没兴趣的东西发生兴趣呢？

相比"引导孩子怎么爱上画画和搭积木"，跟随孩子的兴趣，让他更多地在有兴趣的方面发展，既省时间，孩子又开心，何乐而不为？比如说，如果孩子不喜欢画画，妈妈又一定想要孩子喜欢，当然可以带孩子看很多展览、讲很多跟绘画有关的故事、常提醒孩子画画，但这倒不如让他把时间都花在喜欢的事情上，妈妈什么都不用说，孩子也非常容易投入，并且玩起来没个完，自己有很多乐趣。这样远远好过妈妈觉得画画好，就拼命强迫孩子画画，搞不好孩子根本没有艺术细胞，怎么画都找不到感觉，到头来，时间浪费了，还不一定有效。

Q：我家宝贝两个半月大，胆子特别小，每次从外面吃过晚饭回来都会哭得特别厉害。我们带她去游泳，她也是一直在哭，从来没自己划动过手臂和脚。宝贝脾气也不怎么好，喝奶只要第一口含不到也会拼命哭。怎么会这样啊？

A：2个多月的孩子，所有东西都是最自然、跟着自己感觉来的。所以，爸爸妈妈唯一要做的事情，就是调整自己。

如果孩子出去就哭，这表明她对外在环境变化比较敏感，妈妈这时候可能需要告诉自己："我的孩子天性可能比较敏感。这样的话，我们较少外出就好了。"每个孩子都是不一样的，有的宝宝根本不在乎变化，有的宝宝一旦接收到太多声音、光线、气味的刺激，就反应激烈。越小的宝宝越是用感官感知世界，当他感觉到改变太过刺激，就会用哭声对爸爸妈妈表示自己的"不适应"。这么大的孩子，没有必要非得通过外出学习什么，我们让她在相对安定、熟悉的环境中待着就好。顺着孩子的个性去养育最省力，也对宝宝最有利。

宝宝一口吸不出奶就哭，是因为肚子饿了，而大部分宝宝在刚开始吸奶的头几口，都是吸不出奶的，如果性急的孩子，就会急得哭出来。如果妈妈想避免这种情况，可以先热敷乳房，这样可以让乳汁比较容易出来，孩子饿时一吸就出来了。

总之，这样小的孩子会完全跟随自己的感觉，她也没办法自我调节，每当她有任何情绪，唯一的表达方法就是哭，所以爸爸妈妈容易觉得孩子总在哭。其实这都是正常的。

Q：宝宝2岁8个月，白天爸爸妈妈上班，就由姥姥带。爸爸妈妈在家的时候，宝宝会说我喜欢爸爸妈妈，不喜欢姥姥。白天和姥姥在一起又说，我喜欢姥姥，不喜欢爸爸妈妈。我很担心，宝宝这样的表达正常吗？需要告诉宝宝不可以这样说话吗？另外，我和我妈经常有育儿观念的冲突，她也比较好面子，比较在意宝宝喜不喜欢她。

A：这表示，这个孩子很会察言观色。她知道，当她说喜欢姥姥，不喜欢爸爸妈妈时，姥姥明显比较高兴。

作为妈妈，看到这一点不要觉得这孩子为什么这样说话，或者，觉得孩子这么矛盾，肯定很不快乐。孩子都是跟着自己感觉来的，他之所以这样，一定觉得这样做让自己比较安全、舒服。

这是孩子天然采取的维持家庭和谐、也是保护自己的一个方法。老人很容易在意孩子喜不喜欢自己,因为觉得自己花时间最多,应该得到最多的爱,有什么理由别人每天只花两三个小时,就能得孩子更多的爱?从孩子的角度来说,每天更多的时间是和老人一起度过的,尤其是才2岁多的孩子,他对"重要他人"有很大的需求,可是妈妈又不在身边,怎么办?只能依靠老人、讨好老人。这是一种生存的本能,孩子对此非常敏感。或者另一个可能性是,孩子发现,妈妈怕老人更多一点,老人在家里是比较有权势的一方,只有讨好老人,才能维持家里的平衡、和谐,甚至能够更好地保护妈妈。

我的担心是,妈妈也去跟老人争那个最多的爱。如果是这样,妈妈的做法和老人就没有区别了,都是喜欢听孩子说"我喜欢你,不喜欢她"。妈妈察觉自己有这个心态后,需要自己处理一下。如果妈妈看到孩子的苦心,他已经在尽力两边讨好,让家里比较和谐,那么妈妈就应该退出争宠行列,听到孩子说这种话后,一笑置之就好了。这样,孩子比较不纠结。否则,讨好老人怕妈妈生气,讨好妈妈又怕老人生气,到头来不知道应该选择讨好妈妈还是讨好老人,孩子会非常辛苦。

妈妈能给孩子最大的帮助是,不管孩子说什么都接受,并且告诉孩子,不管你怎样说,妈妈都知道你是爱妈妈的。

这个案例中参与争宠的是姥姥,而实际上,最容易发生争宠的，是在妈妈和奶奶之间。年幼的孩子在妈妈和奶奶的选择间纠结的案例，在中国家庭中非常常见。

Q：我家双胞胎男孩，1岁4个月。大的那个特别粘人，这两天已经发展到不许我抱弟弟的程度。他要人抱的时候，一定要我抱，别人都不要，不抱就一直哭，这两天嗓子都哭哑了，还伴有咳嗽甚至低烧。想给他改改坏毛病，又怕他真哭坏了身体，有什么好的对策吗？

A：一般来讲，出现这种情况是因为妈妈的确可能更加偏爱弟弟，原因也许是弟弟比较可爱一点，或者比较符合妈妈期待的样子。吃喝拉撒的照顾当然都是一样的，但有可能发自内心的喜爱，却是弟弟得到的比较多。

所以，首先，妈妈需要留意一下，面对两个孩子时自己的眼神、脸色，关注弟弟的同时一定也要关注哥哥。虽然得到的物质上的照顾相同，这么小的孩子也不会从头脑层面判断："妈妈给弟弟比较多，给我比较少"，但他会通过直觉、感觉来判断妈妈对自己的爱，极有可能他感受到妈妈比较喜欢弟弟。

第二个提醒是，这样的情况会越来越严重。所以妈妈一定要有时间单独跟哥哥在一起。不要干什么都带着两个孩子，可以刻意拿出一些时间跟有嫉妒心的孩子单独在一起，让他感觉到并不是每次都要和弟弟分享妈妈，他可以有一些时候独占妈妈。可以等弟弟睡了之后，周末单抽出半天。

如果尝试改变哥哥，情况会越来越糟，这么小的孩子做任何事情必然有背后的原因，而且一定跟他的需求有关，如果你非要去拧巴、压抑、指责哥哥，哥哥内在的怨恨随着时间推移会变得越来越多。结果可能变成，等爸爸妈妈不在时，他就去欺负弟弟，爸妈知道后又教训哥哥，他变本加厉，最后陷入恶性循环。所以我们一定要相信孩子，他这样做一定有需求，而探究"这个需求是怎么产生的"并相应做出调整才是根本之道。

Q： 我女儿差一个月3周岁。她什么话都会说，但是近几个月经常闹脾气，要干什么、要拿什么东西都不说，用手指表示"我要这个、要那个"。总之是要我们去猜，猜对她点头，不对就发脾气。这是怎么了？

A： 孩子可能把这当成了"权力斗争"的游戏，她觉得这样做很好玩。有些孩子，如果能控制父母亲，他会很高兴。除非父母亲真的极少控制孩子，孩子就不会这样。平时父母控制孩子越厉害，孩子越容易在一些事情上想反控制父母。要爸爸妈妈猜她的心思，这是很典型的反控制游戏。所以，爸爸妈妈需要反省一下，平常对孩子的管控是不是比较严格？

另外，这也考验妈妈"温和而坚持"的态度。如果你真的不愿猜，是否可以不带指责而温和地告诉孩子："我不愿意猜，你不说，我就不拿。"

Q：女儿对大部分人都很大方，唯独对总要她东西、总让她分享的爷爷特别小气。这是为什么？

A：一定是爷爷曾经做过了头，让她没有安全感，所以才拒绝他。成人之所以这样做，是因为轻看孩子的所有权，觉得那不算什么。而对小孩子来说，所有权却很重要，他要思考很多，然后才能决定要不要给别人。他知道可以照着自己的喜欢与否、亲近和疏远来决定要不要给。其实这就是他在显示自己拥有所有权。

有的成人总是逗孩子，让孩子分享。孩子不分享，他说孩子小气，孩子分享了，他又说不要了。这让孩子很困惑，下次可能就不再给这个人东西。这种情况下，妈妈只需要鼓励孩子完全按照自己的意思："你喜欢或者不介意，你就分享。如果不愿意，就不要分享。"你不需要特别跟孩子解释为什么别人会逗他，让孩子自己看，自己学。经过一个过程，孩子就会知道这个人总是这样，很讨厌，下次直接对他说"不"就行了。这样是一个社会化的学习过程，孩子要学习面对迟早会出现的逗他、取笑他的人。

Q：我的宝宝2岁8个月了，什么都好，就是吃饭时爱磨蹭，一口饭在嘴里含上半天也不咽，而且总是边吃边把食物当玩具，这导致一顿饭常常要吃上半个多小时。他为什么这么磨蹭？

A：首先，这么小的孩子很容易把食物当成玩具。尽管如此，成人难免觉得辛苦，所以可以想办法找点让他觉得更好玩的东西，告诉他："如果你快点把饭菜吃完，可以……"也许，他为了快点做自己喜欢的事情，就会快快吃饭。面对这样小的孩子，我们没办法直接要求他一定要怎样，只能另找一个他更感兴趣的东西，激励他。

其次，有的孩子吃饭磨蹭是因为厌烦吃饭。厌烦导致胃口不好，胃口不好，就没有推动他快快吃饭的动力。那么，厌烦情绪是从哪里来的呢？每当孩子吃饭时，都有无数眼睛盯着他，盯着他放进嘴里的每一口食物，强迫他吃有营养但很难吃的菜。这样孩子压力很大，吃一顿饭跟受一顿刑差不多。

还有一个孩子不爱吃饭的"另类"原因：爸爸妈妈很少抱孩子！因为被长辈告诫，"不要抱孩子，否则孩子容易变娇气"，因此爸爸妈妈在孩子需要时拒绝抱他，当这个孩子的个性正好比较敏感时，缺抱，就会导致他特别不愿吃东西。他的潜意识会发出信号：我需要你抱我你不抱，所以你要我吃东西我就不吃。

12. 其他生活琐事

Q：女儿2岁半。以前我每天下班给她带一个礼物，感觉还挺好的，但现在偶尔没空准备礼物，空着手回去，她就不干了。我想知道有没有办法改掉她这个习惯？

A：跟孩子说："太小的宝宝不懂，他们只要能拿在手里的礼物。你已经长大了，懂得更多，所以妈妈要送你不同的礼物。猜猜妈妈今天要送你什么？"

然后就送她不同的礼物吧，比如"今天妈妈要吻吻你的眼睛"，明天吻吻鼻子，后天吻吻额头。或者，"妈妈今天学了一首很好听的歌，我唱给你听"，再比如讲个笑话、讲个很有意思的故事、跟孩子玩一个小游戏……都可以。

假如你懂得把话说得好听点，是一定会成功的。你可以让她把手放在你的手心，告诉她，在你拍到她的手之前，她要让自己的手"溜掉"。或者，让她任意选一个房间的角落，然后向你冲过来，你抱住她，然后她再变换角落冲向你……

仅仅这样，都可以让小孩子很高兴，难道你不觉得这也是很好的礼物吗？

你要让她知道：妈妈还是很愿意每天都送她礼物的，只不过，不是摸得到的东西才叫礼物。我孩子小的时候，我也常常奖励他们礼物，只不过我给的礼物都不是物质的。要让他们学个东西或者完成一件事情，我都可以靠"游戏"礼物来完成，"你赶快做完这个，然后妈妈就教你玩个很好玩的东西"。

这样做还有一个什么好处你知道吗？孩子学会了这一套，他会知道礼物不一定是要花钱买的，在朋友中间他显得非常有趣。

Q：我家儿子2周岁，出门看到别人吃东西就想要，并不是在家不给他吃的。我该怎么办呢？

A：如果对方是不认识的人，就告诉孩子："别人的东西不能要，你如果想吃的话，妈妈回家给你吃。"让孩子知道东西是属于不同人的，自己的东西可以跟妈妈要，但别人的东西不能要。对方是我们的亲戚朋友，可以跟孩子说："如果你想要，可以问问他愿不愿意给？"另外，要根据具体情况，如果对方手里很多，可以去问问；但如果人家只有一个，可能就不能强人所难。

孩子出去要别人的东西，这样很自然，是一种本能——

对于没见过、没尝过的东西的好奇心。妈妈对此要接受，没有必要感觉不好意思。

但是，如果你感觉到孩子对别人的东西过于执着，那也有可能是平时父母对孩子的欲望、需求打压比较多。

Q：3岁的童童是奶奶一手带大的，与奶奶的感情很深。奶奶生病住院时，童童看着奶奶不吃饭、不说话，只是不停输液，他一直情绪低落，表现得很害怕。过了几周，奶奶去世了。童童问我奶奶去哪儿了，我不知道该怎样回答，才能让他受的伤害降到最低？

A：简单说，奶奶去了一个很远的地方，要过很长一段时间，我们才能见到她。基本上怎样回答孩子，取决于你的信仰。

其实，3岁的孩子还不太了解死亡的意义，差不多要到5岁才有会有一点点意识，所以我们根本不必解释太多。

孩子跟奶奶亲，奶奶过世，他感觉害怕、伤心都很正常，但一般来讲，只要妈妈在身边就不会有很大问题。当孩子伤心、哭泣的时候，妈妈应多抱他搂他，对他说："妈妈在，不用怕"，让他有安全感。

Q：我的女儿2岁4个月，正到了个性非常执拗的阶段。比如早晨穿衣服，她非要自己来，因为"技术"不熟练，总是慢腾腾，也常穿错，我担心天气冷，想帮她赶紧穿完，以免感冒，但她就是非常坚持要自己穿！我拗不过她，只能在心情好时通过玩游戏快点让她穿上，没心情时也就随她磨蹭。我这样妥协对吗？有没有更好的办法？

A：这样做没有问题。

首先，不用过于担心孩子会着凉。我们常常看到日本妈妈在这方面是比较放手的，她们认为适当冻着点反而利于孩子增强抵抗力，即使流点鼻涕她们也不担心。日本人甚至提倡在冬天让孩子穿着短衣短裤去外面锻炼。当然，我不是提倡这种锻炼方法，我想说的是，今天的生活条件已经不会让屋里太冷，而且如果孩子身体素质较好，即使穿得比较慢，也不会有太大问题。

而且，相比起来，让孩子自己穿衣服却是一件极重要的事。2岁正是孩子对自主权有着最大渴求的阶段，如果事事都强求孩子听我们的，那对孩子、对妈妈都是一件太过辛苦的事情。在大部分不涉及原则的事情上，要让孩子自己慢慢试，不用太担心或过于主动地帮助他，否则妈妈整天都会面对"权力斗争"和孩子没完没了地说"不要"。

玩游戏的方法挺好的，因为这符合给2岁孩子制订规则的原则——尽量通过鼓励的方法，强调孩子行为的正面效果，来让孩子服从规则。2岁多的孩子太自我、太难管，如果你总是告诉他"你这里做得不好，你应该……"一定会引来孩子的强烈反抗。所以我们只能换个方法，一看见孩子表现好的地方就赶紧表扬、强化:"妈妈看到你自觉刷牙,真的很高兴。""你把书都收进书柜里,帮妈妈减少了很多麻烦。""你穿衣服穿得这么快,果然是大孩子了。"……游戏也是同样,用一种比较正面的方法,让孩子处在积极、快乐的情绪中,他一定比较愿意配合。

Q:女儿15个月,给她讲书她会一把把书扯过去,不但不爱听故事,还非常爱撕书。对于这个月龄的宝宝来说,这个表现正常吗?需要我们干涉,还是顺其自然等她大些就好了?

A:无论如何不可以让孩子撕书。不是孩子不正常,而是她现在还没有能力分辨什么事情可以做,什么不可以做。而这是需要父母亲让她知道的,可以的就让她做,不可以的对孩子说"不行",或者用肢体语言阻止孩子。这样孩子会知道行为的界限在哪里。

孩子撕书和画墙壁是类似的事情。有些父母亲会允许孩子那样做,画完以后再刷墙壁,或者撕完以后再粘,但我个人比较不赞成。养成这些习惯,将来孩子去公共场所很容易碰壁,因为他在家养成撕书、乱画的习惯,在外时他也会很自然那样做,但这样的行为在外面是不被允许的。

如果有一天我们需要允许孩子在家做这些事情,那一定是因为孩子已经有些不正常,他非常需要用一些大幅度的动作来完成自我修复和治疗。否则，一般健康正常的孩子，我们完全可以从现在开始，从家里开始就教导他恰当的社会规范。也就是说，任何在社会规范里属于破坏性的行为，我们都不应允许。

不过，有一种情况可以另当别论。那就是，我们可以跟孩子玩一个游戏，邀小朋友一起到家里，找一些废纸，大家一起撕碎它，越碎越好。撕完，大家再一起撒它们，像下雨那样。一直一直撒，直到孩子们玩够了，玩累了，然后再一起收拾，把纸片扫进垃圾桶，最后丢掉。孩子们都非常爱这个游戏！总之，通过这种游戏的方式，教导孩子，在撕纸游戏中撕纸是可以的，但看到什么纸都拿来撕是不行的，要看时间、看场合。

Q：我家宝宝1岁8个月，从小就对各种声音很敏感，害怕狗叫、吹风机的声音，小区里过汽车的声音也让他害怕。他听到这些声音，身边的大人如果没有反应，他就会哭，如果大人跟他说"别怕别怕"之类的话，他就不会哭。他这样是太胆小吗？

A：可能因为他是听觉特别敏感的孩子。别人听来没什么，在他听来已经是很大的声音。这种情况下说"别怕"或者抱抱孩子就可以。

随着慢慢长大，他会了解到这是一种普通状况。就像如果我们刚进到一个工厂,觉得乒乒乓乓很不舒服,但时间长了就习惯了。因为我们的身体有一种机制,对于常常被刺激的部分,身体会自然为我们做出调整,钝化那部分感觉。所以,不管是听觉、视觉还是触觉特别敏感的孩子,爸爸妈妈应该让他正常地接触生活情境的常态,而不是为他创造一个没有干扰的环境。

Q:2岁的宝宝,吃饭时喜欢边吃边玩,吃一点点就说不要吃了。我是该逼着他吃,还是随便他?

A:逼是没有用的,看看可不可以边吃饭边讲故事给他听?这么小的孩子,只能想办法让他专注在一件事情上,然后趁机喂他。

现在有太多孩子在吃东西这件事上出现问题,这太奇怪了!特别是连几个月大的孩子居然都会不肯吃东西,这时候他们本应该把吃东西当成非常重要的事情。出现这种问题,通常是因为太多人关注他了!这样,他吃饭时感受到很大的压力,吃少一点,身旁的人都很在意。家人担心越多,他吃得越少,他吃得越少,家人就越担心,慢慢进入恶性循环。

所以,以后孩子吃饭时,只要妈妈在就好,其他人都走开。然后妈妈保持一个愉快的状态,比如唱着歌,总之要让孩子在放松的气氛中吃东西。

Q：女儿2岁,最近这几个月,每天晚上都要和我们玩到10点以后才睡觉,每次提醒她该睡觉了,她都会找借口,比如要喝水、尿尿。我曾听儿科专家说,8～9点是生长激素分泌的黄金时段,所以很担心晚睡会不利于孩子长个儿。有没有办法让她早点睡呢?

A：孩子能早睡当然好,但如果不能也不用太过勉强,自然就好。每个孩子都不同,有的孩子天生就精力旺盛。而且我也不觉得10点睡有多晚,只要别太迟,孩子总的睡眠时间也够就没有问题。

你不用跟随所有的育儿理念,理念永远只适合一部分人,而不是所有人。不要把条条框框看得比你和孩子之间的关系还重要。当生活中的规矩太多时,孩子就会开始反抗,不断尝试使用自己的权力。

Q：4岁的孩子对iPad非常着迷,甚至着迷到影响他去上幼儿园、吃饭、睡觉,怎么办?

A：在这件事情上,父母一定要让孩子了解规则,然后认真执行,比如规定孩子什么时候可以玩,一次可以玩多久。

平时面对一些小小的规则时,我们可以讲个故事,转移一下孩子的注意力,但不可能每天都用这样的方法来解决问题,最重要的就是让孩子知道你的态度:关于玩游戏这件事,必须遵守规则。

我们不能指望这么小的孩子自己有能力抗衡感官刺激，因为他们的天性就是容易对这些东西上瘾，尤其天生气质乐天型的孩子，他们需要借助感官刺激来追求存在感。当孩子有足够的心理营养，觉得自己被爱，存在感和价值感都比较强的时候，就比较容易抵抗感官刺激。孩子越是感觉无聊、被忽略，也没有什么能带来成就感的东西时，就特别容易上瘾，对感官刺激基本上没有抵抗力。

这也是我们为什么要让孩子从小接触大自然，喜欢泥土，喜欢叶子和花朵的原因，孩子从大自然里也能得到丰富的感官刺激，这有助于缓解他们对电子产品的迷恋，而和大自然的连接是有利无害的。

总之，要让孩子知道，有些东西他可能不喜欢，但要学着接受，比如学习接受规则，比如学习延迟满足。

Q：11个月的男宝宝，不愿被把尿，得拿玩具哄着他才行。是不是这么小的宝宝顺着他就行了？还是要从现在起就立规矩？

A：立规矩还太早。

很多儿科专家都不赞成过早给孩子把尿，因为这是对括约肌的训练，而1岁以内的孩子根本没有能力控制那个肌肉。只能说，能控制好的是特例，不能的才正常。所以，当你的孩子被把尿时，他做不到，又知道你想让他尿出来，这样他会很厌烦。

我们可以按照儿科专家推荐的时间来做训练，能不能成功都只能听孩子的。不能够也不勉强，如果能的话，就夸他好乖。

孩子跟随身体自然的发展是最好的，不建议提早或者过度地发展孩子的某一种能力。

Q：我希望儿子尽量少看电视，可是家里其他人开了电视他势必过去跟着看，所以我会跟家人沟通："孩子在时能不能不看电视？"吃零食也是类似的情况，如果我们当着孩子的面吃垃圾食品，他也肯定会跟着我们吃。可是，如果全家人总是这样迁就孩子，为了他不看电视我们都不看，为了他不吃零食我们也都不吃，那是不是也不对呢？还是说就应该跟孩子挑明了：有些事就是大人能做，小孩不能做？

A：对于电视，孩子的确比较容易入迷。虽然有很多好的电视节目，但它最不好的地方在于，过于强烈的声色刺激，让孩子缺乏思考的空间，孩子锻炼创造力和思考的机会会大大减少。如果爸爸妈妈都赞同这个观点，认为孩子早年应该尽量少看电视，那么是否可以通过协商决定：孩子小的时候，家里尽量不开电视。如果爸爸不同意妥协自己的权益，也可以看看有没有别的办法，比如能不能在特定时间看电视，或者能不能在电脑上看？其实，哪怕爸爸坚持看电视，也不一定会对孩子造成多大影响。通常看电视比较多的孩子往往是父母亲都没有时间陪他玩，电视被当成了保姆看孩子。所以，哪怕只是妈妈认同电视的危害，愿意放弃看电视，花时间和孩子做一些互动，孩子也是可以不要看电视的。

当家里有老人时，情况会复杂一点。家庭中还是应该讲究一点孝顺，孩子应当看到父母的榜样。我们可以跟孩子解释："爷爷奶奶看电视是因为他们没有工作，也不能外出跟我们一样跑啊、跳啊、玩啊……他们相对来说娱乐比较少，容易无聊，所以他们会多看点电视。"我们不能老让老人迁就孩子，让孩子以为家里最重要的那个人是他，因为家里的每一个人都最重要。吃零食也是一样，有的老人喜欢吃点儿甜食，你不能以"会让孩子多吃甜食"为理由不让他吃。

至于"有些事就是大人能做孩子不能做"这样的道理是根本站不住脚的，有什么理由可乐只会影响孩子的健康，而对成人没有任何负作用呢？大家同样都是人啊，这根本是双重标准。孩子越大，越会觉得父母不讲理。

如果你不认可一个习惯，你不想让孩子有那个习惯，最容易的方法就是妈妈自己做到。你不可能一边看着电视，一边教育孩子说"电视是小孩不能看的"，然后期望养出一个对电视毫无兴趣的孩子！

当然生活中所有事情都不是绝对的，不是说某件事情绝对不可以做，或者某件事情一定要做到，妈妈自己要判断：

这件事情在我看来，到底有多重要？或者那件事情在这个特定的情况下合适吗？很难说不好的事情所有人都不要做，或者好的事情每个人都要做到。在我们心目中重要的事情尽量做到，没那么重要的事情就放手好了。

Q：最近怀疑女儿是不是有点怕我。当她想打破规则时，例如，在我们约定好的范围之外，多吃零食，或者多看一会儿电视，就会去找外婆，而不是我，她还会对外婆说："妈妈不同意怎么办？"我平时对女儿还是比较温和的，即使执行规则也是，但她这样的表现是不是说明我没有让她感受到足够的安全感？

A：不是，孩子这样表现，说明平时妈妈的原则坚持得很好。所以当孩子想打破规则的时候不会来找妈妈，因为她知道说不动妈妈。她会去找比较容易说动的人。

有原则是好的，但妈妈要回想一下，家里有多少没有弹性的原则？如果家里这样的规则过多，对孩子并非好事。我们一定不希望孩子认为，周围所有事情都是铁板上钉钉的。如果我们只在几件事情上保持明确的底线是没有问题的。这样，我们会让孩子感觉到，某些原则妈妈必定会坚持，没有商量的余地，有些事情是有商量余地的，并不那么刻板，而有些事情妈妈完全放手让孩子自己做主。

既有极限，又有弹性是最理想的。这不仅让妈妈和孩子的相处变得非常和谐,而且对孩子也是很好的示范,他很容易学到怎样坚持自己的底线,同时保持一定的弹性。

Q:我女儿3岁,特别喜欢吃糖。比如我带她和其他小朋友聚会,别人都聚在一起玩,只有她埋头吃糖,提醒也没用。怎么办?我看到和她同龄的孩子特别有原则,说好吃3颗就是3颗,这是否说明三四岁的孩子已经具备这种自控力?

A:天性上的确有差别。比如我的4个孩子当中,就只有女儿从小自制力特别强,让她吃3颗糖,她答应过就绝对不会吃第4颗,但另外几个孩子可能就需要多附加一些条件,比如,如果他说话不算数,某些权利可能就会被取消,这样他才能遵守约定。

而且每个小朋友口味也不一样,有的孩子就特别喜欢糖的味道,你让他不吃别的还好,让他不吃糖就特别困难。

所以,妈妈不能希望这个年龄的孩子的自律性有多么强!有没有特别强的孩子?有!但你要了解自己的孩子,假如没有那么好,就需要我们多帮忙,增加一些东西帮助孩子控制自己,养成自我节制的习惯。比如,可以说好:"今天跟小朋友一起玩可以吃3颗糖,如果你多吃,今天晚上的动画片就不能看了!"

Q:我3岁的女儿起床和睡觉时都有一套程序。比如,醒来之后要先讲故事，然后跟妈妈在床上玩一会儿，之后才能起床。晚上睡觉也是，先在床上蹦，然后骑马、玩手机、跟所有东西说晚安、讲两个故事，全套做完才答应睡觉。我也知道孩子有自己的节奏，但有时实在磨蹭到太晚，我就会想，这样无限制地迁就、容忍她，真的有必要吗？有没有可能要求她或者训练她快一点？

A：最好一开始就不要让孩子养成对长长的一套程序的依赖，如果已经养成了，而且真的决定改，那么一定要采用渐进的方式，一次改一点。比如睡前可以讲两个故事，但只答应讲两个短短的故事，慢慢再改成一个故事。

两三岁的孩子正处在一个最挣扎的阶段：既想跟父母分离，可心里的某个部分又不愿意分离，而睡眠其实就是一种和爸爸妈妈的分离，所以他入睡比较困难。正因为这样，这个年龄的孩子非常需要睡眠仪式：第一件是洗澡，接下来讲故事，然后唱歌，最后睡觉。每天都做这几件事情，孩子不知不觉间就会被催眠，一进入程序就会慢慢收拾心情，进入睡前状态。

其实，我们很多人不知道要刻意为孩子安排睡前仪式，却在无形中养成了这个仪式，比如你女儿那套长长的程序。如果因为想让她早点睡，减掉部分程序，她肯定会焦虑，睡不着，因为这套程序是她减轻分离焦虑的工具，只有做完整套，孩子才能收到信息：应该睡觉了！

所以仪式很长没有关系，如果想提早睡，妈妈要做的不是减少程序，而是让每个过程变短。

Q：女儿3岁。去早教中心上课时，非常害怕一个外国老师，一看到他就不想上课，甚至不上课时不小心看到他，笑脸都会变哭脸。问女儿为什么，她说："毛毛。"有时候，在路上遇到外国人也会表现出害怕。这是为什么？该怎么办？大城市是不可能完全避开碰到外国人的场合的。

A：孩子这样害怕，可能是因为联想的关系。也许她曾偶然看到过一个让她害怕的人或者画面，然后把外国老师联想了进去。

当孩子害怕时，你可以去抱抱她，告诉她别怕。然后，让她待在一个能给她足够安全感的人身边，学习慢慢去看外国人。你可以让这个尝试的过程变成一种玩耍，比如把她抱在怀里，用话语引导她："你看看外国老师的脸。你慢慢慢慢睁开一只眼睛，然后闭上，然后再睁开。你看，你越看越多了，现在要不要试着睁开两只眼睛，多看一会儿。"

你还可以把你的手放在她的胸口上，做一些语言引导，教她怎样面对自己害怕的东西。3岁以内的孩子很容易被语言暗示，你教她："只要你讲'不用怕，妈妈在'，你就不会害怕。"总之，你可以试一下这样或那样的方法，基本原则就是：让孩子在感觉安全的状况下，一点一点尝试。只要妈妈给孩子讲这些的时候，心理稳定、很有信心，孩子一定会相信。

Q：男宝宝现在 2 岁半，最近一段时间整个人很活跃，晚上睡觉成了一件非常头疼的事情。如果不半哄半强迫他睡，他可以一直玩到凌晨 12 点多甚至 1 点。我试过很早陪他在床上酝酿睡意，唱唱歌、讲讲故事，但就是培养不出睡意，应该怎么做才好？有没有办法训练孩子早点睡？

A：2 岁多的确是比较害怕分离、不愿睡觉的年龄。我们可以用一套有效的方法来训练孩子早睡，不过前提是你认为有这样的必要。很多孩子都是晚上最兴奋，因为爸爸妈妈好不容易回来了！绝大部分孩子都很喜欢跟别人联结，更不用说自己的爸爸妈妈，所以晚上正是跟爸爸妈妈游戏、聊天的难得时间。如果你也愿意晚上多陪陪孩子，那么让他下午多睡会儿，晚上多玩一会儿，晚点睡也没关系。但如果你晚上需要让孩子早点睡，那么可以尝试下面的方法：

固定睡前仪式。快到睡觉时间时，你开始按照每日固定的安排，陪孩子一起洗澡、讲故事、唱歌、关灯、睡觉。时间长了，孩子会被催眠，一进入仪式就知道该调到准备睡眠的状态了。

耐心地慢慢训练。如果孩子现在 12 点才能睡，我们可先把预定睡眠时间调到 11 点半，而不是一下子就调到 10 点。等到孩子能稳定做到 11 点半入睡后，再往前调半小时，直到调到你的目标。在这个过程中，妈妈必须非常有耐心，不能着急。

Q： 2岁的宝宝，看动画片很上瘾，妈妈该怎么帮他安排时间？

A： 时间到了，告诉他要关电视就可以。这不是做不做得到的问题，只是一个妈妈愿不愿意做的问题。如果你希望宝宝每天看电视时间不超过半小时，那么时间快到时提醒他一下就可以了。或者，时间也许不必"争分夺秒"，和孩子说好，每天看一集15分钟的动画片，那就看完一集、一个故事就关电视，不再开始新的一集。意思是，不必在分钟数上面一刀切，妈妈甚至可以允许孩子多拖延个两三分钟，但妈妈心里一定要有谱，不是无限制的纵容。

妈妈要关电视，宝宝不愿意，于是哭闹，这很正常。妈妈在拒绝孩子要求的同时，希望他很痛快地答应："好，可以。"这是不现实的。妈妈只要温和而坚持地守住自己的原则，同时允许孩子哭一会儿，就可以了。

Q： 女儿1岁半，非常怕狗。她小的时候并不这样，看到狗都是很有兴趣的样子。但是有一次我抱着她被狗追得到处跑，表现出很害怕的样子以后，她一看见狗就怕得不行。我本身确实很怕狗，所以不希望女儿也有同样的恐惧，有没有办法帮她克服呢?

A：要帮她克服恐惧，只有一个办法，就是妈妈看到狗的时候表现出"我不怕了"。如果自己都不能不怕，有什么道理要求孩子不怕呢？

小孩子本来就容易受妈妈的情绪影响，刚开始她并不知道一样东西需不需要害怕，只能通过观察妈妈的反应来判断。如果她看到妈妈害怕，就知道这个东西是应该害怕的，有危险。如果妈妈表现出不怕，能看着狗甚至靠近狗，她就知道不用再害怕了。

如果妈妈没办法克服的话，那就只能等到女儿长大后决定是不是要继续怕狗，如果不要的话，可以自己想办法。

Q：家有男宝，6个半月。请问这个年龄段需要参加什么早教班吗？现在早教班实在是很多，不知道有没有必要上？有时候觉得怕自己没什么经验，带不好孩子，尤其是不知道该怎么应对他的敏感期，也不太清楚各阶段的敏感期什么时候来到。我怕耽误了孩子，影响他之后的教育。

A：妈妈如果真有这方面的担心，怕自己对养育孩子一无所知，选择一个早教班上一上，也没什么不可以，只要没别的坏处就行。

所谓别的坏处是指，很多早教班正是利用妈妈对自己信心不足，过度渲染自己的专业性。要知道，早教班说的都是孩子的共性，而每个孩子在共性底下是有个性的。太过强调把每个孩子都规范在共性下面，就容易刻板、没弹性。比如大多数1岁的孩子该有学步的意识了，早教班带领宝宝做一些相关练习，可有的宝宝这方面发育慢一些，要等到1岁半才比较合适，那么即使早教课上所做的练习对宝宝没坏处，也容易让妈妈着急：为什么有些动作，我的宝宝跟不上？

其实，妈妈不懂敏感期也没关系，根本不至于错过什么重要发展机会。宝宝没有必要跟着条条框框练这个、练那个，到了一定阶段，宝宝自然会跟随身体的信号，自发性地做一些练习，当然在他们眼里，那完全是一种游戏。这时候，妈妈只要配合宝宝的需求，陪他一起玩就好了。如果连这样的"游戏"都要爸爸妈妈或者老师教着来做，他反而会很烦。等到游戏做完时，他该完成的练习也都完成了。

妈妈最需要懂而又比较容易错过的，其实是孩子的心理发展和需求。妈妈可以选择上一些儿童心理的基础课程，或者买一些相关书籍来阅读。相比早教班，以这种方式学习陪伴，更省钱、更省时间。

再退一步说，即使什么都不懂，也没关系，只要妈妈懂得观察孩子。发现孩子发出一个信号后，我们去配合他的需求就行了。这样养大的孩子，自然又健康。

图书在版编目(CIP)数据

心理营养 / 林文采, 伍娜著. -- 上海：
上海社会科学院出版社, 2015
ISBN 978-7-5520-0965-1

Ⅰ. ①心… Ⅱ. ①林… ②伍… Ⅲ. ①儿童心理学
Ⅳ. ① B844.1

中国版本图书馆 CIP 数据核字(2015)第 308713 号

心理营养：林文采博士的亲子教育课

著　　者：林文采　伍　娜
责任编辑：李　慧
特约编辑：陈朝阳
出版发行：上海社会科学院出版社
　　　　　上海市顺昌路 622 号　邮编 200025
　　　　　电话总机 021-63315947　销售热线 021-53063735
　　　　　http://www.sassp.cn　E-mail: sassp@sassp.cn
印　　刷：北京中科印刷有限公司
开　　本：889×1194 毫米　1/32 开
印　　张：9.25
字　　数：150 千字
版　　次：2016 年 3 月第 1 版　2024 年 1 月第 15 次印刷

ISBN 978-7-5520-0965-1/B·123　　　　　　定价：42.80 元

版权所有　翻印必究

著名萨提亚课程导师
国际知名亲子婚恋专家 林文采博士 亲授课程

如何在**婚姻中经营**
亲密关系

2大秘籍，解决你**99%**的婚姻难题

扫码即可试听

心理营养理论创始人林文采博士

心理营养
育儿法

本书作者亲授配套音频课程

5大版块，**25**个育儿难题

给你系统的解决方案

扫码即可试听